成长也是一种美好

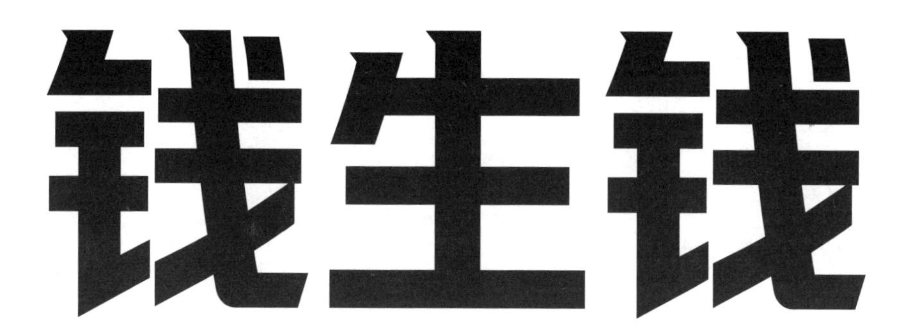

从存小钱到财富自由

邢智伟 著

人民邮电出版社

北京

图书在版编目（CIP）数据

钱生钱 ：从存小钱到财富自由 / 邢智伟著 .
北京 ：人民邮电出版社，2024. -- ISBN 978-7-115
-65350-5

Ⅰ. TS976.15-49

中国国家版本馆 CIP 数据核字第 202467MR31 号

◆ 著 邢智伟
责任编辑 黄芳芳
责任印制 周昇亮

◆人民邮电出版社出版发行 北京市丰台区成寿寺路 11 号
邮编 100164 电子邮件 315@ptpress.com.cn
网址 https://www.ptpress.com.cn
北京天宇星印刷厂印刷

◆开本：720×960 1/16
印张：16.5 2024 年 11 月第 1 版
字数：231 千字 2024 年 11 月北京第 1 次印刷

定 价：69.80 元

读者服务热线：（010）67630125 印装质量热线：（010）81055316
反盗版热线：（010）81055315
广告经营许可证：京东市监广登字20170147号

推荐序

孜孜不倦，必有回响

据耶鲁大学官网显示，在大卫·史文森（David Swensen）超过 30 年的领导时间里，截至 2020 年 6 月，耶鲁大学捐赠基金的年回报率大约为 13%，较大幅度地高于美国捐赠基金的平均年回报率，也比传统的“60% 股票 / 40% 固定收益”投资组合的年回报率高出不少。按美元计算，耶鲁大学凭借史文森任期内的杰出业绩获得了数百亿美元的投资收益。这家美国高校最大的捐赠基金之一每年可以为耶鲁大学提供约三分之一的预算资金。

从投资角度看，史文森对行业最大的贡献在于领导开发并完善了一种被称为“耶鲁模式”的投资方法，可以说是改变了大学捐赠基金的投研思维模式，不仅是在捐赠基金领域，该模式也已成为许多机构投资者的重要参考标准。

即便是非投资行业的人，对史文森的个人经历和杰出成就也可能并不陌生。《价值》一书的作者张磊是国内知名的投资人。他早年曾经在耶鲁大学捐赠基金大卫·史文森麾下工作，后来在多种场合及多本书中提及过史文森对他的重要影响。两人之间亦师亦友，他们紧密合作的故事通过媒体广为流传，多年来史文森许多开创性的、有影响力的投资理论已经在我国传播开来。

本书作者邢智伟同样在美国一家捐赠基金工作过，其间他的上司不但是史文森的学生而且是其投资理念和方法的坚定贯彻者。在这样的机缘之下，作者还不断阅读学习史文森的各类方法论文章和书籍，并亲身实践，深刻理解了史文森关于投资的见解，尤其是资产配置、分散化、以权益类为主、长期主义等理念的非凡意义和重要价值。

能够将这些亲身实践得来的知识通过通俗易懂的语言和模型进行论述，并结合我国资本市场的实际情况进行总结而著成本书，难能可贵！

在开始阅读本书之前，我们不妨首先思考这样一个问题：为何需要思考关于理财的问题？

其实我们每天都在围绕钱做多种多样的小决策——超市购物、网上购物、存钱、付账单……虽然短期内的花销通常是人们最关注的，但它并不是唯一重要的财务议题，道理很容易理解：未来的重大花销问题势必需要妥善解决。

高中努力读书，高考就很可能考取好的大学；努力工作，就更可能从同事中脱颖而出，获得升职和加薪……几乎所有人都明白今天的努力程度将会在很大程度上影响明天的结果，未来的消费能力和生活水准，也会和当前的努力呈正相关，而当前的努力除了在工作中获得收入，学会理财和投资也是未来财富增长的最佳方式之一。

本书的前半部分围绕"为何需要思考理财问题"而展开，通过旁征博引各类案例和文献，以及作者的亲身经历和创新性的思考，本书试图告诉读者三个非常重要的线索。

1. 人们需要尽快开启对个人理财和资产保值、增值的思考。作者用具体的论述和模型公式帮助几乎没有任何财务背景的读者快速掌握打理个人日常开销和存款的诀窍。
2. 宏观经济的变化将会对个人财富起到很关键的作用，读者们不能对各项经济因素的变动视而不见，而是要有所准备。本书挑选出一些极可能影响大众个人财富的经济指标进行重点论述，娓娓道来，循序渐进，易于快速掌握。

3. 就算是毫无财务或投资知识储备的个人，也应勇敢开启个人的理财之旅。而在做任何理财决策和个人财富规划前，都需要获取必备的财务知识，比如对复利回报的认识。

复利被称为“世界第八大奇迹”。复利回报的概念就好比果农种了一批果树，每年结出果实时，果农可以从这些果子中分出一些，种植新的果树。年复一年，培育的树苗越来越多，果农的小树林就会越来越大。如同果农所做的，如果投资者将投资收益再投资，进而获得更多收益，就会产生复利回报和增益。类似复利回报这样的基本财务知识也是本书中值得读者仔细品读的内容。

到这里，很多读者可能会问，既然投资理财那么重要，为什么不是身边每个人都在投资呢？

除了那些还没有意识到投资理财重要性的人，有的人可能是对投资理财有较大的偏见。以股票投资为例，据我的观察，身边亲朋好友讨论股票最热烈、证券账户开设最积极的时刻往往是股票大盘大涨、牛市冲天的时候。然而，很多人喜欢跟风购买股票，有些人甚至是股票越涨越买，在大盘历史高位时大举投入资金购入，之后市场经历回调和修整，这些人自然不能赚到钱，甚至还会亏钱，这使他们对股票投资产生了恐惧和厌恶。

本书后半部分中，作者巧妙地将以史文森为代表的国际捐赠基金巨头的投资方法应用到普通个人的财富保值增值中，以缜密的逻辑和严谨的论证，用具体案例、历史数据和创新性的模型论述分散化和长期主义的重要作用，可以帮助那些仅仅依靠选择个股或者选择买入卖出时间点的人拓宽视野，以期逐渐恢复对投资不偏不倚的认识。其中作者尤其抽丝剥茧地介绍了被动投资中的指数基金和资产配置中的分散化投资组合管理这两个重要概念。

拿分散化来说，捐赠基金的资深管理者不会只选择一种配置的资产；相反，大多数都会建立一个多元化投资组合来管理他们的风险，进而优化他们的回报。这类投资组合可能包括交易所交易基金（ETF）、货币型资产、债券型资产、另类资产等。个人投资者能够从这类投资组合中找到一些资产配置的灵感，但如果只是复制某家捐赠基金的资产配置方法显然过于简单粗暴。对此，本书从投资目标、投资期限和风险承受能力等方面论述普通人如何有选择地借鉴机构的资产配置方法，让读者触类旁通，理性思考。

同样，本书中作者也非常重视对投资风险的解析，运用通俗易懂的语言描绘深具统计学原理的各类风险因素，以帮助读者在遇到股市等投资标的波动时能够做到一定的“心中有数”，而不是过度恐惧。

不管如何，对于普通人来说，如果没有在股票投资“战场”上历练过，没有在专业投资机构工作过，也没有受过专门的金融训练，那么可能就会对很多机构投资者的理念和方法非常陌生。更别提将类似史文森这样的行业大咖在资产配置领域的理论和方法应用到个人资产的保值和增值上。本书的重要意义就是为普通人提供上述这些可选途径。

孜孜不倦，必有回响。让我们为自己和家人未来的财富安全负责，尽早开启正确理财的学习之旅吧！我推荐大家阅读本书，获取个人财富保值增值的新灵感、新思路。

林美含 / “财经林妹妹”主理人

2024 年 10 月

自 序

系统性地了解个人财富管理

为了将问题变得更直观，在具体论述个人财富管理问题前，我们先来解析一段文艺创作中的文本。

在撰写本书时，电视剧《繁花》[①]正在全国热映。剧中有一个叫作“爷叔”的角色令我印象深刻。“爷叔”在上海话里用来称呼和父亲同辈但年纪相对于父亲较小的男性长辈，是一个尊称。这个角色似乎广泛代表了商界中那些值得尊敬的老前辈。

王家卫是世界知名导演，爷叔的扮演者游本昌则是国家一级演员，在两人的合作下，这位精明能干的上海商界“老法师”在剧中为观众带来了不少通俗易懂且富有内涵的金句。我选出其中三段和钱有关的台词文本，它们正好和这本书的内容产生了关联性，以下是我的解读。

文本一：“一个男人应该有三个钱包。第一个，是你实际有多少钱；第二个，是你的信用，人家钱包里的钱，你可以调动多少；第三个，是人家认为你有多少钱。”

我的解读：个人资产（金钱）从本质上讲是可以（及需要）进行分类的。本书的关注点聚焦于“实际有多少钱”这个议题，探讨对于大众来说，怎样划分个

① 该电视剧由王家卫执导，改编自金宇澄所著的茅盾文学奖同名获奖作品。

人资产才能使得支出和收入保持平衡，并尽可能地让自己的存款越来越多，为更长远的优质生活打好基础。

文本二：“纽约的帝国大厦，从底下跑到屋顶，要1个钟头，从屋顶跳下来，只要8.8秒，这就是股票。”

我的解读：任何投资都充满了风险，有些甚至可以让人顷刻间破产。如果没有最基本的理财知识和素养，也不愿去学习、吸收包括本书在内的相关理财知识，那么投资理财就如同开盲盒，而且最坏的下场可能就类似于8.8秒从帝国大厦坠落的速度失去财产。

文本三：“戏要一幕一幕唱，饭要一口一口吃。”

我的解读：投资理财虽然以收益为目标，但如果既没有从日常消费和日常收入开始周密计算，也没有制定严谨合理的投资策略，那么想要“一口吃饱”是不现实的。

艺术来源于生活，虽然观众对以上台词的解读可能会和我不同，但借着这三段文本和三个解读，我希望告诉亲爱的读者，本书的初心就是帮助你们解决个人财富管理的一系列难题，找到科学的方法来规划每天的开支，并了解最基础的投资知识，利用外部资源，从零开始一步一步尝试配置个人的资产。

对个人财富的积极管理刻不容缓

我的爷爷生前经常告诫我们这些小辈要懂得“做人家”（上海话，指节约），要知道每一粒大米都是辛苦劳动所得，都需要珍惜。年少时的我还没有多少感触，直到多年后面对生活中的各项开销和财务问题时，才又想起爷爷的教导。各位读者朋友，你们有没有思考过生活中有多少开支和消费是毫无规划性的浪费？如果有，那么下一个问题便是：我们该如何系统地规划好个人的收入和支出？

我在美国读硕士期间，曾经参与了一个公益项目，为所在城市贫困地区公立学校的中学生上一堂关于理财的小课程。其间，我询问了台下的美国中学生一个问题："你们能否说出自己知晓的理财方法？"

得到最多的回答是"父母的 401（K）计划"。

"401（K）计划"简单讲就是美国社会普遍存在的一种由雇员、雇主共同参与缴费的基金投资养老计划，类似于企业年金，是政府养老保险以外的一种补充养老保障。员工每月从工资中拿出不超过一定限额的资金存入该账户，退休后能够领取这笔资金。在此期间，这笔钱会被委托给投资机构全权负责并投资于共同基金、集合投资基金等多种资产中，收益和风险由员工承担。当前美国共同基金行业（类似于我国的公募基金）中有大量资金来源于该计划。

这提醒我们，除基本"五险一金"中的养老金以外，还需考虑作为养老补充功能的资产保值和增值途径，目标是为个人退休或者远期重要支出做准备。相信谁都不希望自己退休后因为领的退休金相对以往的工资大幅下降而影响生活质量。而问题是，要如何制订个人的资产保值和增值计划呢？

在撰写本书的过程中，我时刻告诫自己要围绕"技术诀窍和专业知识"（know-how）进行创作，要让读者通过本书所独创的"个人财富管理模型""后袋资产配置模型"等方法，跟随我的思路从零开始思考，按部就班地研究并且掌握组成这些模型的各种概念和实操案例，真正汲取实用、有可操作性的关键内容。换句话说，我期待本书能抛砖引玉，为对上述议题还没有充分准备的读者开启实质性的第一步，并促使他们结合自己的实际情况，展开持续性的思考和实践。

我曾经在美国一家管理资产总额超过 100 亿美元的捐赠基金投资办公室工作。这项工作除了教会我如何开展资产配置的初步研究及提高我对各类基金的熟悉程度，还让我获得了一个关键性的启示：任何关于投资的研究都需要建立在行业"巨人"的经验和优质外部资料的基础上，不能闭门造车。

在撰写本书时，我不但屡屡回顾了自己在那里工作时各位前辈传授给我的知识，还重点研究了大卫·史文森、沃伦·巴菲特（Warren Buffett）、查理·芒格（Charlie Munger）和瑞·达利欧（Ray Dalio）等投资界“巨人”的相关著作和公开言论。我还查阅了包括耶鲁大学捐赠基金和哈佛大学捐赠基金在内的很多头部机构的公开研报和年报。在这些研究和文献汇总的基础上，我结合对国内市场和当代年轻人生活的实际观察与思考，撰写出本书。

据瑞银集团（UBS）发布的《2023 年全球财富报告》，截至 2022 年年底，得益于中国经济的快速增长，21 世纪全球私人财富中位数增长了 5 倍。有了财富只是第一步，怎么财富保值已成为很多人面对的一大难题。这再次提醒我们尽快建立合理的个人消费、制订理财计划的紧迫性。

本书受众和推荐阅读路径

本书适合不同背景的各类读者阅读。

对于“理财小白”型读者，本书的最大价值可能在于系统性地整理出了人们日常消费规划、平时闲钱的储蓄方法，以及财富管理等基础知识，以指引各位“零基础”的读者以实践为基础，通过本书快速掌握实用的理财技能。

对于“理财小达人”型读者，本书则基于历史数据和实操分析，提供了借鉴大型机构真实案例的个人财富管理模型等知识，起到为更高阶投资理财实践“抛砖引玉”的作用。

如果按照金庸先生小说中的武功秘籍来类比本书各章节的作用，那么本书的第一章、第二章类似于“功夫招式”，更多的是在描述日常财务规划的基本套路，目的是为读者勾勒出勤俭、合理的消费观和理财观。

第一章重点梳理了当代人所面临的关键财务问题，尤其是帮助读者理解适用于普通人的合理理财观与消费观，并着重介绍原创的“个人财富管理模型”，以及工具属性十足的“个人 T 型记账法”。

第二章的重点是提醒读者除了关心个人财富那些事，还需要对宏观经济知识有所理解。本章探讨了人们如何将口袋里的钱区分为“前袋”和“后袋”，并详细论述了这种分类方法的特征、优点和构建过程。

从第三章开始，本书的内容更加贴近“内功心法”，更加接近“实战”，与现代投资组合理论和较专业的理财知识的联系更加紧密。

第三章延续“后袋”这个概念，强调个人保值“后袋”资产的重要性。本章创新性地引入耶鲁大学捐赠基金会等大型机构的资产配置理念为个人所用，并精选出最相关的各类基础知识进行讲解。

第四章完全围绕“后袋资产配置模型”这个本书最核心的方法展开。从其构建过程一直到其使用要点，并参考主流机构研究的工序，运用历史数据和分析，使读者能更快地理解模型中的各类资产配置逻辑和风险要点。

第五章更加类似于一篇论文的结尾部分。前文提出了可能的解决方案和论点，此处则尝试回溯“后袋资产配置模型”潜在的问题，探索生成式大语言模型对后续模型改进的潜力，以及总结隐藏在“后袋资产配置模型”中的“定投”等思维模式。

基于本书各章节存在循序渐进的内在联系，不管读者的理财知识背景如何，我都建议从头开始阅读。从练好个人财富管理的“功夫招式”开始，循序渐进，深入修炼较难的投资组合体系的“内功”。更重要的是融会贯通全书的内容，充分利用本书所独创的方法和模型，结合个人实际和其他学习资料，为实现财富自由的目标而长期努力修行。

总而言之，开始行动才是关键！请参照我的思路，利用本书开启生钱有道的探索之旅吧！

目 录

contents

第一章

财富本不自由

第一节　我们都是西西弗吗

我的朋友钱小白

在探讨“钱”这个话题之前，请允许我先介绍一位好朋友。他是一个 30 多岁的城市白领，从未关注过理财，对钱这个话题也没什么思考。姑且就称呼他钱小白吧。

别误会，钱小白的“没思考”并不代表他“躺平”了，不想赚钱。

相反，他从小到大都非常用功上进，上学一路读的都是重点学校，取得了硕士学位后便在一家大型国企找到了偏行政的工作岗位，之后就再没有换过单位。对于个人发展，他虽然求稳，但绝不将就。

他工作后不久便结了婚。双方的父母都是普通的工薪阶层，对他们的财务支持很有限。唯独为了买一间婚房，双方家庭都付出了很大的努力，共同凑出了首付款。

这才使得钱小白夫妇在 30 多岁的年纪就可以按揭贷款在上海外环线地段买了一套 90 平方米的房子。但同时，这也意味着，此后的 20 多年里，他们得偿还大额的房贷。

说到底，钱小白就是我们身边的一个普通青年。按理说，能够在 30 多岁就工作稳定，在上海有了房，已经令不少人羡慕了。但事情并没有那么简单。

像西西弗一样，直面命运

每过一段日子，钱小白会和我定期聚个餐，吃吃喝喝之余聊一些生活和职场中的琐事，吐吐槽，打打气，互相鼓励鼓励。

我们的对话通常不涉及财富或者任何关于钱的话题，以前他没兴趣聊这些，我也就没动力和他详细讨论。毕竟，谈钱也有点俗，这是我俩心照不宣的默契吧。

直到一次比较意外的对话后，我们才陆陆续续聊了不少这方面的事情。

也可以说，我构思、撰写这本书的最初动力，其实也是源于我和钱小白的那一次对话。

那是一个秋天的晚上，我们一起吃过晚餐后，漫步在梧桐树下的上海衡山路上。弥漫着桂花香的凉爽空气伴随着月光，为已经微醺的我们营造了非常舒适的氛围，也让我们打开了话匣子。

“我今年30多岁了，突然觉得什么都不缺，但又什么都缺。”钱小白突然说出这句话。

我不明就里，听他继续说道：“最近我总是有一种空洞的感觉，还记得那年在学校里，我们俩经常在图书馆一起看加缪的书吗？有本《西西弗神话》，那时我还读不懂。”

“但一转眼到了现在，我似乎陷入了书中西西弗的境地：每天做着同样的事，日复一日，年复一年，看似完成了一桩桩大事，但马上又有了新的任务。”钱小白苦笑着叹息道。

“你是指工作失去方向了吗？”我问。

他看着我说："不仅是工作，还有生活中的事，装修、育儿、买车、储蓄……曾经，我希望自己35岁就能实现财富小自由，不为钱操心，不过现在看起来，钱的烦恼还是会绵绵无绝期。一切都很虚，这不就是加缪笔下的荒诞吗？"

在装饰精致的路灯下，他第一次向我吐露了关于钱的烦恼。

今年的升职又没轮上他，他已连续三年没能晋升，这代表他今年的工资肯定又涨不了太多。

他身边不少同龄人换了豪车，一年出国旅游好几次。妻子偶尔提起身边有些女同事每月一个奢牌手袋轮换着背，虽然她一向都很节俭，但他听了心中还是会五味杂陈。

"我老婆绝不是那种拜金和追求物质的人，但哪个老公不希望给自己老婆更加富足的生活呢？"他继续说道："现在我们基本都是月光族，还完按揭贷款和信用卡账单后，银行存款余额就不多了。"

说罢，他似乎感到自己有太多负面的情绪，便没有再继续，而是总结似的说："我想知道，现在才开始追求财富的小自由，是不是晚了？"

听到这个问题，我马上意识到他所面临的问题并不是简单的生活压力或者工作难题，而是在财务方面出现了一定的偏离。

首先，钱小白可能对财富小自由的理解出现了偏差；其次，他的家庭财富管理也可能出现了问题。

有了这些判断后，我立刻回复他："可是你知道吗，财富本不自由啊。"

他吃惊得愣住了。

我继续补充道："加缪不也告诉我们，面对荒诞和苦难，我们要直面它，不逃避，要反抗吗？"

不知不觉间，我们已经走进了乌鲁木齐路上的一家小酒馆。在略显昏暗的门面灯光下，我看清了这位正处职场当打之年的好友的面容，他的脸色有点萎靡，但那双眼睛里似乎带着希望，似乎期待着我能够为他带来“反抗”的办法。

这让我有些小激动，好友遇到了难题，我必须帮助他。那晚我们聊了很多……

五个关于钱的问题

在和钱小白的那次对话后，我思考了许久。他对我袒露的心声非常有意义，值得我总结出来进行分析。**钱小白的难题和困扰是当代青年在钱这个核心议题上所共同面临的问题**。这给了我思路：在为各位提供方法解决钱袋子问题之前，先调研整理出当代青年普遍面临的“五个关于钱的问题”。

第一个问题：住房

像钱小白这样能在30多岁就在上海买房的年轻人是少数。前文已经提过，他和妻子可以做到这一点，很大程度上是得益于双方父母能够慷慨地各自拿出一笔钱来资助他们。然而，面对每个月接近20 000元的还款金额及还剩20多年的还款期限，钱小白夫妇所承受的压力是不小的。

很多人可能会问，既然住房压力那么大，年轻人为何不选择租房生活，待到自己积累了足够多的财富，有了足够的收入后再考虑购房呢？部分学者、成功人士也曾指出，租房生活可能对年轻人来说压力更小，更能让他们放开手脚去拼事业。

然而，要反驳这个想法也不难。**原因很简单：当代大多数年轻人更愿意购房而不是租房。**

2023 年中国青年网的一份问卷显示，在对 1512 名 35 岁以下青年的一项调查中，当被问到成家时要不要有自己的住房时，67.1% 的受访青年明确表示必须要有。①

该调查还发现，购买自有住房的意愿会随着年轻人即将步入婚姻而逐步增加，尤其对于那些需要成家的人来说，坚持婚房自有的比例更高。

其中，生活在一线城市的受访者对自有住房的认可比例最高；其次是生活在二线城市的受访者；比例最小的是三线及以下城市的受访者。

年轻人想要自己的住房，这既符合以自有住房为家的传统观念，也出自结婚、养育下一代和养老等方面的实际需求。

由此可见，对当前的青年来说，购买住房是大部分人要做的事。然而，这些青年要买得起房子绝非易事，尤其在一、二线城市。

我国大城市的房价与收入之比在全世界城市排行榜中位居前列。即便不去看具体数据，只凭感觉，我们也能感到一、二线城市的房价真的很高。经过简单思考，我认为主要有两个原因：一是多年来我国人口持续流入一、二线城市；二是土地供应等其他因素的作用。这些都坚实地支撑起了部分一、二线城市的房价。

一方面，大部分年轻人热衷于购买自己的房子；另一方面，国内一、二线城市的购房难度很大。

即便那些靠贷款买到房子的人，他们后续的还款压力也非常大。前海开源基金 2023 年的一份研报指出，在我国居民的家庭资产配置中，房产占了 70%。其中包含了不少购房按揭债务。

可以说，购房和还房贷是个人财富管理中的核心问题，支出数额巨大。如果

① 引自杜园春的《成家时一定要有自己的住房吗？ 67.1% 受访青年认为应该有》，中国青年网，2023。

不做好精准的个人财富管理计划，也没有考虑未来的支出和收入情况，那么住房问题就会波及生活的方方面面。

第二个问题：职场

即便是一直努力上班、用心工作的人，也有可能面临职场的不顺。钱小白好几年没有得到晋升，凭我对他个人能力的了解，大概率并不是他自身的问题，而更多的是运气不太好，没有赶上所在行业大发展的那些年，从而导致他工资上涨和个人晋升出现了停滞。

著名企业家稻盛和夫曾经在一家传统的陶瓷厂开始他的职业生涯。日本那时候的经济也不太景气，工厂业绩低迷，甚至经常发不出工资，很多职员都怨声载道，没心思好好工作。

在这样的环境中，年轻的稻盛和夫依然鼓足干劲，日夜坚守在破旧的实验室中，利用老旧的实验器材不断尝试研发新技术和新材料，最终努力没有白费，他研发出了足以改变行业发展的新产品。

这个故事听上去很励志，可稻盛和夫毕竟只是极少数的成功者之一，当年和他一起入职的新员工都离开了。在遭遇经济大环境整体衰退的情境下，大多数人可能都不会有他那样的意志力和杰出的成就。

像钱小白这样处于个人职业生涯低迷期的人并不少见。有时候，在职场中并不是仅仅通过努力工作就能随着时间的推移而增加工资和个人财富的。

行业大环境和企业自身的经营等外部因素也可能导致个人的努力化作泡影。

我们这代人很幸运，身处中国经济高速发展的黄金时期，然而，假如你是一个从 1990 年至今都在日本职场上打拼的人，你的体验将完全不同。

由于受到 20 世纪 80 年代的泡沫经济、货币政策和国际环境等因素的影响，

1992 年到 2012 年期间，日本经济的年均实际增长率为 0.8%，名义增长率为 0%，同时通货膨胀率甚至为负数，整体处于通缩的状态。[①]

日本企业为了自保不得不开始收缩投资和减少研发投入，从而导致日本职员的实际工资数十年里都没有显著的增长。很多青年的物质条件甚至比不上他们的父辈。

这里我不是危言耸听，只是希望各位理解，除了自身努力、身边行业的小环境，还有很多宏观因素可能会影响自己的“钱途”。因此，要在财务上做好准备，以应对不同原因导致的工资增长停滞或职场发展的止步不前。

第三个问题：父母养老

国家统计局数据显示，2021 年，中国 60 岁以上的人口占比达 18.9%，超过 2.6 亿人，65 岁以上的人口占比超 14%，这意味着中国已正式步入深度老龄化社会。同时，中国老龄化的趋势还将继续。

当前的青年大部分都和钱小白夫妇一样是独生子女，夫妻双独生子女家庭的比重也是最大的。同样地，当前年轻人和父母之间的年龄差距相较于前几代人来说，也拉大了。**这让很多年轻人可能在 30 多岁的年纪要面临赡养 65 岁以上父母的义务**。

结果是，父母们的医疗和养老问题将会给这些家庭造成较大的负担。比如，年轻人的时间和精力可能难以满足，他们往往正处于事业上升期，很多时候要请个假还得看工作是否很忙，以便错峰申请，这使得他们无法随时随地陪伴父母看病或者拿药。

---

① 引自伊藤隆敏、星岳雄的《繁荣与停滞：日本经济发展和转型》，郭金兴译，中信出版社，2022。

很多研究机构由此提出了一个观点：以养老服务、养老地产、养老金融、老年护理、老年旅游等行业为主导的银发产业或许能为当代青年在父母养老方面提供有效的帮助。

但一个很现实的问题是，养老必然是要花钱的，这笔开支从哪里来呢？

第四个问题：孩子

上有老，下有小，和父母养老问题类似，钱小白还面临着养育下一代的任务。

从备孕到生育再到养育，从医疗到学习再到日常消费，养育孩子的费用对任何经济收入程度的家庭来说都是长期且持续的支出。问题又回到了一个“钱”字上。

第五个问题：别人的奢侈品

近几年，上海淮海路周边的二手奢侈品店越来越多。这些以回收、售卖高级奢侈品为主要业务的店还有个舶来的名字：中古店。

中古店越来越多其实反映出一个消费现象：随着我国国民收入的增加和经济的发展，高单价的豪车、箱包、成衣、鞋子、腕表等奢侈商品消费连续多年走高，并且已经逐渐走入了中产人群的购物清单中。

奢侈品消费越来越年轻化。2023 年普华永道发布的《内地及香港地区奢侈品市场洞察》中指出，高净值人士和“90 后”引领着中国奢侈品市场的发展。**当前，“90 后”群体已经贡献了我国约 46% 的个人奢侈品市场消费规模**。随着国民收入的持续提高和每一届年轻人的“持续发力”，未来的中国奢侈品市场势必将成为全球领先的市场之一，中国内地奢侈品消费者占全球总量的比例或许还会再进一步。

在这种氛围之下，攀比、羡慕的心态在年轻人中裂变，玩圈子、追求个性的消费需求也在日益提高。这导致钱小白这样的中产青年发现身边同事和好友的奢侈品越来越多了。

问题是，年轻人真的应该如此消费奢侈品吗？本来已经是月光族的钱小白夫妇如果再去购买众多奢侈品，他们的财务状况是否会崩溃呢？

归根结底：财富本不自由

读完这些，我们不难发现，以上提到的五个关于钱的问题说穿了其实是当代青年普遍存在的财务困扰。可行的解决方案明面上似乎可以落脚在**“如何赚钱”**和**“如何花钱”**这两个方向上，但通过更深层次的思考，我们会发现**“如何生钱”**这个议题才更重要。

这里所谓的“如何生钱”，是指通过科学的理财方法和投资实践，凭借手头的存量资金不断保值和增值个人的财富。

可能很多读者会觉得，“赚钱就是靠工作呗”或者“有钱了自然就会花钱了，这还需要学吗”。而这种简化的思维，真的靠谱吗？

有些读者可能会认为“如何赚钱”得靠个人的努力、职业发展、家庭背景甚至运气，似乎很难通过一本书来找到答案。但“如何花钱”“如何生钱”并不是抽象的问题，而是可以描述的具体问题，并且可以通过对具体的心理认知、价值观、行为学和方法论的学习、总结来加以改善。

本书后续章节将紧密围绕“如何花钱”和“如何生钱”这两个议题来进行论述。其中包含了两大思考脉络。

第一，“如何赚钱”和“如何花钱”其实是“如何生钱”的大基础，三者之间有递进的关系。简单理解就是，钱生钱首先还需拥有满足日常生活开销之外的额外储蓄才行（见图 1-1）。

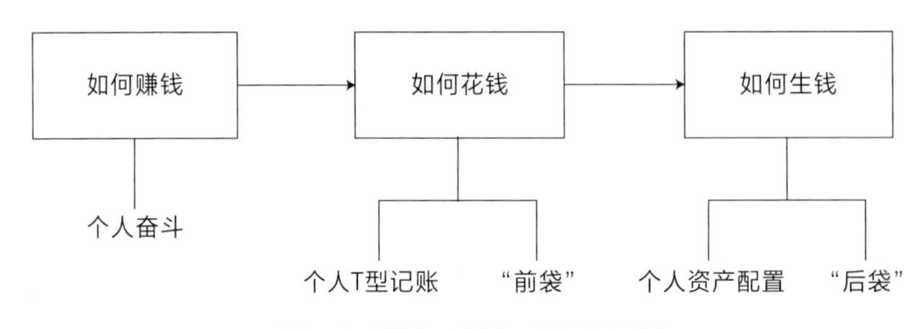

图 1-1　赚钱、花钱、生钱示意图

另外，由于不正确的财富观和理财观，当前很多年轻人期待着一夜暴富，从而衍生出做直播、当网红，甚至从事各类擦边乃至“越线”的工作。也有一些年轻人虽然没那么不切实际，但也因为平时工作中的一点小挫折和风波而提出离职，内心不断地被浮躁情绪所蚕食，迷惘地过着每天的生活。这些都是不可取的。

第二，科学的理财方法和投资实践需要按部就班地学习。比如我们每个月到底要存多少钱？如何制订个人的财务计划？如何知晓投资的门类？这些问题需要综合性考虑。

钱小白的无奈和财务困扰或许很多人都会有，但这些绝不是无解的难题。最好的证明是，我们都能看到身边还有不少青年才俊正在过着相对宽裕和有品质的生活。

即便是暂时像西西弗那样遇上了瓶颈和苦难，一味躺平或者消极以待都是不可取的。在心态上，我们首先要有信心，要坚信通过个人奋斗、合理的消费习惯、存款、理财等途径，就一定能克服这些难题。我们首先要拥有这样的信念：

一定要让自己生活得更加开心，这样才能为身边更多人带来更多的福祉。

本书致力于向各位读者介绍合理的消费观和理财观，并通过“个人财富管理模型”和“前袋”“后袋”等创新概念，以及“后袋资产配置模型”和“个人T型记账”等具体方法，向读者展示生动且原创的个人财富管理方法。

让我们从理解“财富本不自由”这个重要概念开启这段自我奋斗和自我实现的道路吧！

扩展阅读

西西弗是古希腊神话传说中的一个人物，他得罪了诸神，诸神罚他将巨石推到山顶。然而，每当他用尽全力，将巨石推到山顶时，巨石就会从他的手中滑落，滚到山底。西西弗只好走下去，再次将巨石向山顶奋力推去，如此往复，从而陷入了一场永无止息的劳作之中。

加缪是法国著名文学家和思想家，创作了《鼠疫》《局外人》等经典小说。在他的作品中，他时常强调生活的“荒诞”，描写人世间的疾病、罪行、疯癫和痛苦等，但他更是一个斗士，强调在荒诞和痛苦中奋起反抗，在绝望中坚持真理和正义，就像他本人所说：“西西弗离开山顶并渐渐深入诸神洞府的每个瞬间，他支配了自己的命运。他比他推动的巨石更加强大。”

加缪在文学和哲学领域卓越的成就令我和钱小白非常敬重。对我和钱小白来说，加缪的这些论述也启示我们不要畏缩不前，而要主观能动地管理好个人资产，合理规划好自己的开支，学习更多理财知识，为更幸福的生活行动起来。这也是本书的重要思想支撑。

第二节　财富自由五大陷阱

财富自由的路径

财富自由是许多年轻人所追逐的梦想。在探讨“财富本不自由”这个概念之前，我们首先要了解实现财富自由的路径。

从本质上讲，财富自由意味着手头拥有足够的储蓄、理财产品和现金，能够负担得起自己和家人想要的生活。财富自由一般有以下几个特点。

1. 赚取了足够多的金钱，已经无须为了余下时间的开销和生计而被迫工作或者投资了。
2. 可以随时退休，而不必在乎是否到了退休的年龄——这对很多年轻人的吸引力较强。
3. 可以自由地决定如何去生活，比如是否环球旅行，是否去另一个地方购房，是否继续工作或者学习等，并且这些决定都不会带来财务方面的压力或者担忧。
4. 对未来的财务状况充满信心。换句话说，是自己控制了自己的财富，而不是被财富所控制。不必担心未来某个时段自己的银行账户余额是否能够支付更换热水器的费用，也不必为余生中的小康生活水准而发愁。

这些听上去都很棒，但如何才能实现呢？

我们来探索一下要取得财富自由可能存在的几条途径。

首先要指出的是，每个人都有追求物质财富的机会和资格，前提是需要通过合法、合理、合规的途径来实现。

在研究了很多关于财富的书籍和观察了诸多现实后，我发现一般人要想获得经济上的体面，应该在下图所展示的这几个方面中至少精通一项，这几项分别是控制债务、储蓄、投资、创业、晋升（**见图** 1-2）。

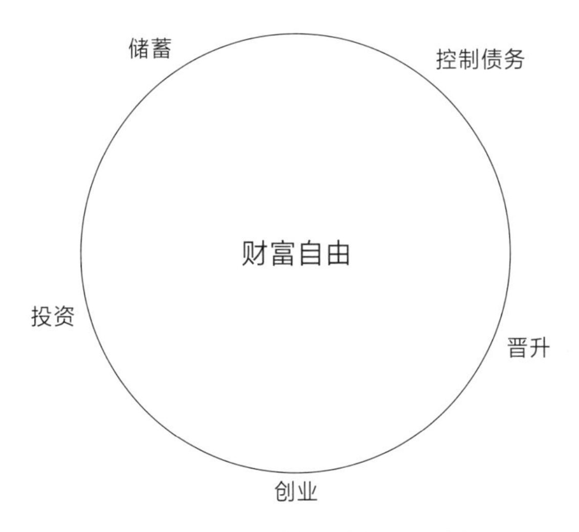

图 1-2　普通人财富自由的潜在路径

看到这个图，许多人或许会想：“如果我现在就开始努力做到其中一条或者几条，是不是就能离财富自由更近了？”

有些刚工作没多久的年轻人可能会怀有更乐观的期待：20 多岁就开始努力工

作，少花钱，少借贷，开始投资，开始做副业，40 岁实现财富自由，这看起来不是没有希望。然而，一旦事与愿违，对像钱小白这样即将跨入中年的人来说，上述乐观的设想可能就变成了无尽烦恼的源头。

五大陷阱

如果我们仔细分析就会发现，不仅做到上述中的任何一点都非常有难度，而且还必须小心自己掉入追逐财富自由的陷阱中。

陷阱一：债务是可以避免的吗

普通人如果没有基本的还债能力，就很难谈及什么财富自由。对于偿还债务，首先，人们想到的肯定是那些利息较高的贷款需要被最先偿还，因为高利息会不断蚕食人们的现金流。

比如，类似钱小白这样，如果每个月的信用卡账单已经很难支付了，那么在还清原来的账单前，一般就不能再申请新的信用卡。而且，为了避免信用卡账单所产生的额外费用，他还需避免逾期偿还或者借贷偿还信用卡账单（诸如最低偿还限额等方式）。

其次，对于类似按揭贷款这样数额巨大的款项，虽然利息相较于其他消费类贷款来说可能不是那么高，但因为数额大，所以依然占据了人们财务支出的大头。

问题是，上述这些贷款往往是人们有品质的生活所需的合理消费支出。如果一个人不贷款买房，那么他可能永远无法住上宽敞且进行便捷的房子；如果不使用信用卡，他就很难方便地在“双 11”这样划算的购物季出手购买必需的家电或者家具。

为了追求所谓的财富自由而一味控制债务，非但不能带来额外收入，还会导致错失优惠的消费机会或者美好的生活品质。

陷阱二：存钱是对的，但存多少呢

世界富豪、投资家和慈善家沃伦·巴菲特分享过这样一条建议：不要把花销后剩下的钱存起来，而是要把存起来后剩下的钱用于花销。

这句话听上去不难理解，操作起来却异常困难。我们经常听到的某些财经人士的建议或者读到的一些理财书籍，都会指出每个月要拿出多少比例的钱先存起来，只能用多少钱去消费，等等。

存钱的理念是那样普遍，以至于很多人都在盲目地存钱。这里，盲目的意思是指毫无规划地存钱，不清楚自己每个月要花多少钱、要存多少钱，以及最关键的，钱到底存在哪里才能更好地保值。

每个人的背景、生活习惯、心理状态、所处的人生阶段等各不相同，因此很难用统一的标准去确定这些问题，但也并不是说毫无方法可借鉴。本书的后续章节将尽量给大家提供一些可运用的工具和方法。

陷阱三：投资有多难

沃伦·巴菲特对投资的定义是："将购买力在当下转移给他人，以此有理由期望在未来获得更高的购买力。"

这确实太抽象了，那么投资要从哪里开始呢？很多人在银行或多或少都有一些存款，不管是活期还是定期理财，这其实就是一种投资行为。但是，投资最难的地方首先是风险与预期收益的关系问题。

各位读者可以计算一下，你在银行的定期存款一年下来获得了多少收益？我想利息很可能不高。比如在我国央行降息、货币政策非常宽松的2023年，银行存款的利率就普遍较低。

虽然就风险而言，银行定期存款是比较安全的投资，但它的回报率一般也比较低。那些投资回报率更高的产品，如另类资产、股票或者高收益债券等往往能够带来超额回报，但打算入手这些品种的投资者却时刻面临着本金受损的高风险，这与定期存款的风险程度不可同日而语。

尝试过投资的人会说："全部投资于高风险的股票或者高收益债券可能会出现巨额亏损，但分散、多样化的投资组合往往有助于降低这种风险。"

可问题是我们要如何配置呢？哪些类别的投资才是钱小白这样的年轻人需要选择的呢？

各位在进行任何投资前必须首先问问自己，为了获得更多收益，你愿意损失多少？这就是为什么投资风险状况是决定投资组合资产配置的关键部分。而很多人终其一生都可能无法参透里面的精准逻辑。

另一个难题是高收益的投资品种往往会带来流动性的枯竭，说白了就是为了获得高收益，钱在很长时间内（比如5年、10年）都无法流动。

这里就涉及生活中应急基金的问题。实现财富自由的人和任何人一样都需要一笔应急基金来应对任何意外的情况。

西方很多理财著作提供的经验法则是：每个人需要留足6～12个月的生活费用。如果觉得这个数字太多了，那么可以从任何你能负担得起的金额开始留存。当然，意外之财，如特别奖金，是建立更完善应急基金的好途径。

但问题是，想要快速实现财富自由，这些应急基金往往也需要进行理财或投资，还需要充分考虑流动性，如果放入那些动辄三五年都动弹不得的产品中，那将会是非常麻烦的事。

上述这些问题的解决方案需要各位读者通过本书后续章节去深入探索。

陷阱四：创业或者干副业

对于目前只依靠工作获取收入的人来说，要想实现财富自由可能还需要干额外的副业才行。这里的副业可以是工作之余经营的小生意（比如在社交平台上发布高质量的内容以吸引流量并获得广告收入），也可以是利用个人人脉、知识或者技能进行的创业活动。

相较于创业，干副业是一种更加稳妥的方式，不会影响到平时的工作，但需要花费大量额外的时间和精力，对于那些需要家庭陪伴或者精力有限的人来说是不容易做到的。

而放弃工作，选择全职创业，难度又提升了一个档次。很多人可能会羡慕那些动人的创业故事，被拼多多、京东和阿里这样的创业团队和故事所激励。

确实，多年以来，我国的创业情势高涨，成就斐然。根据胡润百富发布的数据，2023 年全球独角兽企业共有 1361 家，中国以 316 家位居世界第二，数量占比约 23%，比后面 15 个国家加在一起还多。

独角兽企业指的是估值超过 10 亿美元、拥有领先科创实力或者独到商业模式的新兴企业，一般指的是初创企业在迈入收获期前的最后阶段。

以上数据说明我国的创业土壤确实优良，然而创业哪有那么简单。

曾经有一位资深的风投人士告诉我，国内中小企业的发展周期基本在 3 年左右，创办 3 年后依然可以维持正常经营的企业只占总数的 1/3。

由此可见，正儿八经地开一家公司的难度有多大，放弃稳定工作去全身心创业以获得财富自由的概率有多低。

陷阱五：怎样才算财富自由

当一个人计算出自己的收入大大超过支出，并且已经拥有很多资产和存款，是否就可以认为自己已达到财富自由了呢？这里面其实还会有陷阱。

比如，一个人拥有足够的净现金（剔除债务后的现金）并且可以自由地工作、自由地追求自己的兴趣，以及按照自己的意愿支配时间，这些可能是财富自由的表现。

然而，如果他没有制订一份全面的财务计划，或者对未来可能出现的很多费用估计不足，就可能付出巨大的代价。

各位须知，未来所有开销和费用都始终处于变化中，未来的收入也不会100% 确定。宏观经济和环境也不会一成不变。换句话说，实现财富自由永远都只是一个过程，而不是终点。

由此我们推测，那些当前已获得了一定程度的财富自由、自鸣得意而选择躺平、不思进取的人，尤其是年轻人，其实他们所面对的风险是巨大的。在以后的人生道路上，任何一点风吹草动，或者收入、支出两端的任何微妙变化都可能会影响其生活品质并直接导致其从财富自由变成财富“囚徒”。

个人财富的保值和增值必须永远在路上，而且每一步都需要迈向正确的方向。

第三节 “你不理财，财不理你”新解

综合以上这五大陷阱，不难发现财富自由是一个动态的、主观的，也是一个充满了变数的概念。“财富本不自由”的底层逻辑，其实就是建立在这五大陷阱之上的。

正如爱因斯坦的光速不变原理，如果时间永远流向前而无法被预测，那么所有的财富自由都只是当前瞬时的自由，而且会立即变成过去，个人未来的财务情况则必然会不确定。

再简单点理解就是，图 1-2 所展示的财富自由其实可以被想象成时间线上的一个微分概念，都是瞬间的事，而追随所有“微分”连成的线，才能实现人生中真正的财富自由。在这根线向前延长的过程中，“不确定”是唯一确定的事，一旦出现闪失，这条线就断了。

既然提及了钱小白，我就不能不提另一位朋友金多多，我的这两个朋友正好可以成为一组对照。

我和金多多也相识多年，彼此之间也非常熟悉。

金多多是个典型的“职场新贵”，他努力工作，不断要求上进。他所在的投资机构本来就是一家高大上的头部企业，而他本人在投资和交易板块的能力也一直受到领导赏识。出于礼貌，我从没问过他的工资是多少，但想必一定不低。

在和他的所有交流过程中，他从没有向我抱怨过任何财务上的事，相反，他虽然不是富豪，但平时生活得相当自如。最能形容他这种财务状况的词或许就是“松弛感”——他不用为暴富而不择手段，但总能干好自己的事，努力上班，不怨天尤人，生活质量和财富水平节节高升。

金多多比钱小白大不了几岁，但两人当前的人生状态已经出现了巨大差别，底层的逻辑到底是什么？带着这个疑问，我对他进行了一次简单的采访。

以下是其中一组提问和回答，这或许可以揭示出这种反差的本质。

我：“如果让你用一个理由来解释你现在较好的个人财务状况，你会选哪个？”

金多多：“最重要的可能是我从非常年轻时就开始尝试个人理财和规划支出，而且由于工作关系，我对财富管理的知识储备和理解程度要超过普通人。”

从他的这句话中，我们可以引申出两个关于财富松弛感的重要因素：第一，理财要趁早；第二，要掌握最基本的理财知识。

理财要趁早

试想一下，如果我们每个人在16岁时都有一场成人礼仪式，仪式上父母和亲戚会集中给我们一笔红包钱，然后放手让尚显稚嫩的我们来打理这笔钱，而他们仅仅提供一些最基本的股票投资、银行理财或者申购基金的知识，给出的唯一限制是，这笔钱不允许随意花掉，只能通过不同方式去储蓄或者投资，那么我们在个人财富管理方面的成就是否会轻易超过金多多呢？

我经常想，如果一个孩子在16岁的年龄就开始关注个人财富，有机会亲自操盘一笔钱，并得到最基本的知识辅助，那么这个孩子未来的人生道路将很可能非常顺利，将有机会在非常年轻时就获得远超同龄人的财富。

事实上，很多国家就有上述这样鼓励儿童较早关注财富和金钱的传统。据2023年美国经济教育学会（Council for Economic Education）的披露，美国已有21个州要求高中生修读个人理财课程。

而那些从小就无法接触到最基本的关于金钱和财富知识的人，可能长大后一旦遇到债务和消费支出及财富保值等难题，就会像开盲盒，走一步看一步，毫无头绪。久而久之，他们的财务状况就可能会恶化，生活可能会非常不如意。

这里所说的趁早理财有两层含义：第一层是越早开始规划支出、懂得储蓄的道理越好；第二层是越早开始理解财富的保值、增值越好。这两层含义之间是递进的关系。事实上，单纯的储蓄也绝不是完整处理财富的方法，我们还需要尽早认识到财富是可以保值和增值的，并懂得相关的具体方法。我们应该尽早了解图1-3所展示的这个模型，从日常支出的规划开始，致力于持续探索满足远期生活必需的方法。

图1-3所展示的**“个人财富管理模型”**是本书最重要的框架基础。通过总结钱小白、金多多的案例及综合外部资料和自己的思考后，我构建出这个通俗易懂的模型，以帮助读者更清晰地理解个人财富管理的全过程。本书后续章节便围绕这个模型展开。

回到储蓄和财富增值两个层面的关系：**储蓄是任何理财行为的基础，是个人财富保值、增值的“活水”。而财富的保值和增值是存钱的目的，最终帮助我们满足远期生活的必要支出**。

那么，从什么时候开始为自己的未来存钱合适呢？我们知道，在国外有很多小孩子通过在社区打一些零工来挣零花钱，这让低龄的人也可以开始工作并为自己赚钱。

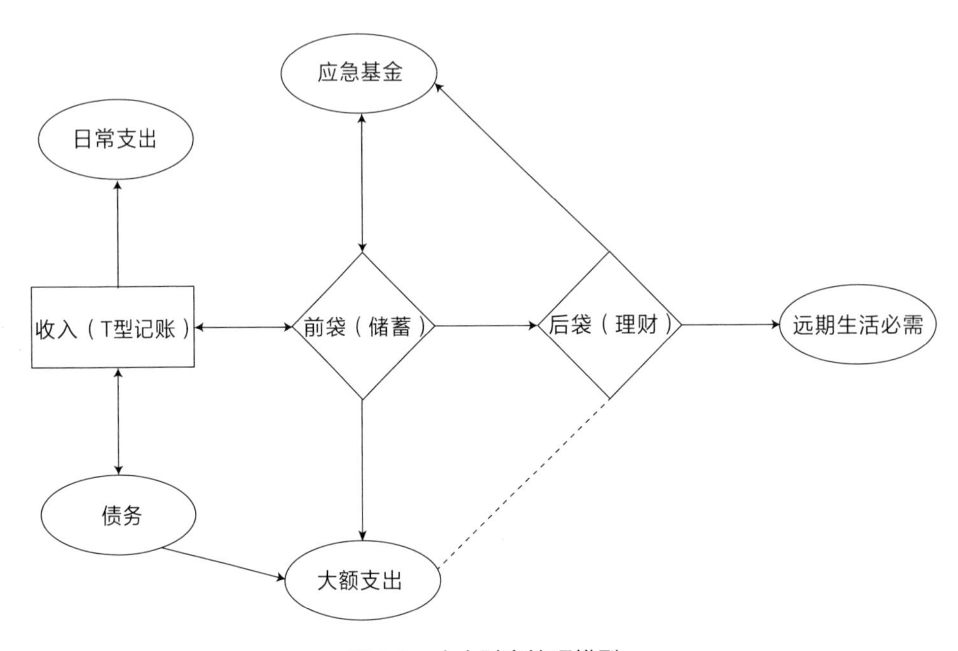

图 1-3　个人财富管理模型

而无论是 5 岁时做家务获得的报酬，还是 25 岁研究生毕业后开始工作，尽早开始储蓄一定是明智的选择。这句话不是我说的，而是国内外各主流财富管理专家和资深专栏作家几乎达成的共识。

有些人在年轻时没有短期或者长期的财务计划，习惯于有多少用多少，似乎也没有出什么大问题。

这蕴含着一个**认知曲线**的问题，每个个体的背景和情况都有所不同，有些人出生于一个富裕的家庭，储蓄这件事可能本来就不那么重要，而有些人则没有那么幸运，如果没有储蓄，就很难实现短期或者长期的理想。

要想弄清储蓄的价值，其实并不难，只需花点时间深入思考自己的个人财务状况和未来预期支出计划。要确定自己一系列大额财务支出目标。这些目标可以是短期的，比如买双新鞋或一次度假；也可以是更长期的，比如购买新车、养老支出；甚至是更高的支出目标，比如为第一套房子支付首付款等。

我认为，最晚在 20 岁出头离开学校时就应该开始为长期的退休目标而储蓄。什么是合适的退休目标？对自身有诚实的认识才会给你带来正确的答案。而一旦明确了自己的储蓄需求，就必须立即开始实施储蓄计划，不能拖延。

很多人往往会忽视储蓄的另一个重要的功能，那便是建立一个应急基金，来为生活中一些突发的事情做准备。我曾经向一位资深财富管理师咨询应急基金的具体数额，她的回答是：一个人的应急基金应相当于 3 ~ 6 个月的日常账单。

然而，很多衍生问题也随之而来。例如，每个月消费和储蓄的比例如何分配？每次应该存多少钱？为了孩子上学或者养老等大额支出，该怎么存钱？有关储蓄具体分配明细和比例问题，我们会在后面章节做重点分析。

在明确了储蓄要趁早后，我们还需要明确储蓄的保值和增值也是要趁早进行的。因为只是储蓄而不进行保值和增值，我们存的钱很可能会连年遭遇亏损，变得越存越少。

钱的时间价值和机会成本

首先需要明确一个基本的概念：**钱是有时间价值的**。

假设有人中了一张彩票，有以下两种得钱方案：方案一，当即获得 1000 元；方案二，一年后获得 1020 元。他应该怎么选择呢？

如果一年后也是得到 1000 元，那么我相信绝大部分人都会选择现在就拿 1000 元，因为直觉会告诉我们，现金早点在手，总是好的。

现在 1020 元要等一年才能得到，选择是不是就有点难度了呢？

其实如果以现代金融学的核心——“货币的时间价值”来看，问题的答案就非常简单了。

用大白话来讲，货币的时间价值是指今天的钱比明天的钱更值钱。这是因为今天的钱有机会增值。因此，今天得到的1000元钱与一年后得到的1000元在本质上价值是不一样的。

金融理论认为，货币的时间价值使基于时间的选择权变得相对平等，因为不同时间跨度的真实价值不应该被同等估价。我们现在拥有的金钱的价值与将来的价值不同，反之亦然。

抛开学术语言，就是如果我告诉你这1000元在未来一年里几乎肯定可以带来30元的利息，那么我们更不会考虑选择方案二了。

机会成本是其中的底层逻辑之一。机会成本指在面临多种选择之间的零和博弈时，被舍弃的所有选择中，如果有些实际产生了更高的价值，那么它们和原选择之间的差距就是机会成本。

我们还是按照上述这个例子来看，如果选择了方案二，一年后拿1020元，则意味着放弃当即拿1000元钱在一年内所能获得其他盈利的机会，而如果这1000元能够获得30元的收入是板上钉钉的事，那么显然选择方案二的机会成本就是10元。

延伸思考后不难发现，如果不尽早开始注意对财富的保值和增值，就会产生一个明显的不利后果：我们或许无法享受到钱在手后，随着时间累积而应该增长的价值。也就是说，产生了机会成本，我们损失了本来应属于我们的货币增值。

除此之外，尽早开始打理我们的存款还能对抗未来通货膨胀对金钱实际购买力的影响，这个问题会在后续篇章中详细解读。

俗话说，时间就是金钱。不管你是一个年轻人还是有年幼孩子的父母，都应尽快开始理财或者引导、帮助子女开始关注财富、学习打理财富，尽快走向负责任的财富保值之路。

然而，即便知晓了尽早开始理财的重要性，也还有很多问题待解答。比如，个人要理的财从哪里来呢？又该如何判断多少收益才是合理的预期收益呢？理财风险如何判定和抵御呢？

上述都属于最基本的理财知识，普通人在开始任何与钱有关的运作之前，需要积极掌握这些基础知识。

最基本的理财知识

很多年轻人虽然不像钱小白那样，对理财毫不关心，而是尝试过某些理财方式，但他们依然缺乏基本的理财知识。

我以前有位同事是一个刚毕业的应届生，某天我们在吃午饭时偶然聊起了关于基金的话题。

这位同事一听到“基金”两个字便不停地摇头，直说自己不会考虑申购基金。问其原因，他说：“小时候，父母炒股票，把家里的存款全部赔光了，看到他们因为这事而流泪，幼小的我冲击很大，于是就下定决心，自己以后绝不会再去碰股票和基金。我现在只在银行存定期就够了。”

我进一步追问他存定期的具体方法，他的回答很具代表性：在日常开销之余，先累积一段时间的工资（比如一年），再加上各类奖金等收入，将这笔钱存入银行的定期账户中。定期存款是由客户与银行约定存期，本金一次存入，到期一次支取本息的储蓄方式，是以存单形式存在的存款。

银行定期存款是许多老百姓首先接触到的理财手段，也是最被人所熟知的一种理财方式。即便是爷爷奶奶辈的人，哪怕从没听说过基金、股票等资产类别，也大多应该知道把钱存到银行定期账户中可以获得比存在活期账户里更高的收益。

这样的理财方式，其实有两个不足之处。首先，定期存款期限一般是1～5年，随着储蓄时间的累积，对应的利率也会相应增长。很多人认为，既然自己已经有一笔钱存在银行定期账户中了，平时的理财就可以先缓缓。**这就可能会让存款人无法做好行之有效的理财规划，会有一笔没一笔地去存款。**

其次，定期存款的风险虽然很低，本金亏损的概率很小，获得利息的确定性较强，确实是一种非常稳健的理财手段，**但收益率相较于权益类或者债券类的理财来说并没有优势。**

而且在一定的经济背景下，银行的存款利率也会下调。比如，在整个2023年中，我国一众商业银行根据自身经营状况和宏观利率情况进行了几轮主动下调存款利率，让很多储户开始犹豫到底是否还要把钱存进银行的定期账户中。

我们知道，银行的存款利率是与央行的基准利率挂钩的，所以市面上银行的存款利率变化范围不会很大，尽管一些中小银行因为获得存款的难度较大，可能会提高一点存款利率作为揽客手段，但幅度肯定也不会很大。

截至2023年11月，大型国有银行的一年期定存利率基本在2%以下一点。也就是1000元存1年，可以得到大约1020元。这在全国各家银行的各个营业网点里其实是一个普遍的收益率。但与2023年政府工作报告中所提出的当年居民消费价格指数（CPI）涨幅目标3%相比，依然相差了1%左右。

换句话说，这1%的差距其实对于那些存了1年定期的人来说是非常不划算的，钱放在银行里1年，1年后取出的时候实际购买力却下降了1%。如果钱小白的理财也像我那位同事一样，将大量钱款存入定期账户中，那么这笔钱的生钱效果就比较小了。若钱小白连定期存款都没有，只是继续将钱放在活期账户中，则这笔钱甚至还会跑不过通货膨胀率，出现“亏空”。

相反，金多多的个人财富管理则是以股票类基金作为最主要的资产配置类别，他似乎并不惧怕权益类产品所蕴含的较大风险。我们将在后面详细分析金多多策略的逻辑。在此之前，先来简要了解一下现金类的理财。

现金类理财

首先我们要明确，现金类理财不仅仅基于银行理财，也包括其他安全性高、流动性强的理财，如短期大额存单、短期国库券、货币型基金和各类银行货币理财产品。

2018 **年的《关于规范金融机构资产管理业务的指导意见》（简称《资管新规》）致力于打破刚性兑付、取消多层嵌套、限制分级杠杆、实行净值化管理、坚持持牌管理等，重在防控金融风险。从实施以来，《资管新规》对银行理财和公募货币型基金的整体影响都很显著**。

银行存款和基金等多种理财类别之间也会有“此消彼长”的关系。比如某些时候，我国银行理财中的现金管理业务会出现一定的下降，这时候很多资金其实是流入了公募货币市场基金这个池子里。

然而，即便公募基金的规模在近年来快速增长，很多老百姓对理财的第一反应还是银行。比如，截至 2023 年年底，公募基金市场近一半的规模为机构投资者所持有[①]，而2022年银行理财中的个人投资者仍然占绝大部分。[②]所以从个人投资者角度看，银行理财依然是更多人的选择。这当然和银行这个“金字招牌”分不开。

现金类理财绝非鸡肋，相反还是全球公认的一种良好的理财方式。

---

① 引自天心的《个人投资者持有占比仍超机构，这些代表作成散户大本营》，《中国基金报》，2023。

② 引自《银行理财 2021 年成绩单亮眼：市场规模达 29 万亿元，净值型产品占比超 90%》，《投资快报》，2022。

根据浙商基金援引中国证券投资基金业协会的数据，截至 2023 年 5 月底，我国全市场 372 只货币型基金管理总规模达到 11.89 万亿元，创下历史新高；在公募基金中规模占比为 42.78%，也比 2022 年年底低点上升了 2.61 个百分点。另据中国人民银行的数据，2023 年上半年我国人民币存款增加 20.1 万亿元，同比增加 1.3 万亿元。其中，住户存款增加 11.91 万亿元。

据央视财经数据，近年来美国家庭的存款也在走高。比如 2020 年，美国家庭支票存款规模增长了 4 万亿美元，储蓄规模增加了 5 万亿美元。

那么，持有现金理财产品或者现金存款的优点和缺点各是什么？

首先，现金理财有两大优点：安全性和流动性。货币本来就被认为是一种安全的资产，因为它虽然没有任何实物资产的支持，但有各国政府的完全信用作为后盾。这意味着中央银行和主要金融机构持有大量本国货币，可用于国际交易。由于人民币在全球经济中扮演的角色越来越重要，因此人们普遍认为货币型理财产品是一种可靠的保值手段。

现金类理财的流动性也很好，是流动性最强的资产。你既可以很容易地通过银行间转款来转移资产或者偿还债务，也可以很容易地投资或者赎回现金类的资产，如银行短期理财账户和货币型基金。

但现金类资产的这种安全性是有代价的：由于风险低，这类资产的收益较低。**几乎所有机构的历史数据表都可以明确告诉我们，从长期来看，现金投资在所有主要资产类别中的风险最低，回报也最低**。

由于现金没有类似股票那样的资本增值的潜力，因此现金理财产品的回报很大程度上是由央行基准利率所驱动的。当利率升高时，会导致债券收益率升高，从而使得国债的价格出现下降。

而从 2022 年初开始，为了应对物价短期内上涨的巨大压力，美联储进行了一系列激进的加息，据《大众日报》报道，截至 2023 年 5 月，美国联邦基金的目标利率短期内上升了 500 个基点，2023 年 5 月 3 日，美国联邦基金利率目标区间被上调到5% ~ 5.25%之间。[①] 这让投资于短期国债的现金类产品出现大幅下跌，很多现金类理财产品的回报率受到冲击。这说明现金类理财也会有短期的风险集中爆发的情况。

同时，持有现金类产品也不是物价上涨周期中保持财富价值的最好办法。由于在这个周期中，短期现金理财的收益率一直会很低，比如 2022 年物价大涨时期，美国现金理财的年化回报率很可能在大多数跟踪期内都落后于物价上涨指数。

无论如何，现金类理财非常适合持有期为 12 个月甚至更短时间的资产。如果投资者有短期（比如 1 ~ 2 年）内的大额支出需求，现金类产品因其流动性强也可能是很好的标的。

复利

很多银行存款产品是以单利计算利息的，这相对于以复利计算利息的理财方式有非常大的弊端。

复利相对单利来说具备利息不断产生新利息的"滚雪球"效应，是一种令人惊奇的以钱生钱的方式。以复利计息的任何理财产品，在每次计息周期结束后，计算的利息都会被加入本金中，从而影响下一计息周期的利息计算。这种利息的积累会导致存款在较长时间内呈指数增长。

假设某人在银行存入 1000 元，定期利率为 3%，存款期为 2 年。在复利计算

① 引自《瞰天下 | 连续十次加息达 500 个基点，美联储何以成了"美连息"？》，《大众日报》，2023。

下，第一年的利息为 1000 元 ×3%=30 元，将这 30 元加入本金后，第二年的利息为 1030 元 ×3%=30.9 元。因此，总利息为 30 元 +30.9 元 =60.9 元，存款期满后，总金额为 1000 元 +60.9 元 =1060.9 元。

以单利计算，存款期满后，得到的总利息为 60 元，总金额为 1060 元。

别看上述这个例子中，两种计息手段所产生的差距只有 0.9 元，如果我们将时间拉长，复利所产生的“利滚利”效应就会很大。

以 100 元做例子，现在不管任何其他因素，我们假设每年可以获得 10% 的收益率，在复利模式下，经过 40 年，这 100 元将变成 4526 元，增长超过 44 倍。而在单利模式下，这 100 元经过 40 年后将变成 500 元，仅仅增长 4 倍。两者之间的差距令人震惊。

随着存款期限的增加，复利存款的长期收益远远超过单利存款，这是因为复利利息的积累效应不断放大。所以复利存款适用于长期投资，它能够实现更大的收益增长。**复利神奇的前提在于要不断将每个周期获得的利息再次投入本金投资中去。**

本节讲到了定期存款的弊端，现金理财的问题，也解释了复利的神奇，这些都是个人理财中最基本的知识，是每个读者进行个人财富规划前需要了解的干货，这也是像金多多这样的人能够获得远超普通人理财收益的根本保障。综上所述，首要的是建立起一个重要理念：在做任何和钱有关的操作前，每个人都需要掌握基础理财知识。

读到这里，有些人可能会想：如果像金多多这样的成功者将其理财方法一五一十地写出来，人们是否可以直接抄作业而获得成功呢？

第四节　财富学真相

上篇提到，如果让钱小白这样毫无经验的“理财小白”直接参考财富达人金多多的所有理财攻略，依样画葫芦，是否他的财富就能快速增加，短期内追上金多多呢？

答案是否定的。**因为“别人”写的财富学基本上没用。**

请注意，这里所谓的财富学，并不是指那些专门介绍理财技巧和赚钱知识的科学论述或者经验之谈，而是指学习基本的财务知识和个人理财概念，这些是我们实现个人财富保值的前提。

能力圈问题

能有力支持我这个观点的逻辑就是能力圈问题。**每个人在通往成功之路上都会遇到能力圈问题，这一问题源于认知限制、学习限制、时间限制和机遇限制等。**

大白话就是：我们无法赚取能力圈之外的钱，这就表明我们无法从别人的财富学说中获得快速发财的机会。

所谓能力圈就是要明确知道自己不知道什么；要勇于承认自己的无知；要

比别人更清楚自己能力的大小。讲到这个问题，我们得先认识一位杰出的投资家——查理·芒格。

如果我们要选出世上典型的聪明人，那么芒格应该是那个一定能入选的人。

他所接受的是最精英的教育，这一点在他的教育背景和青年岁月中显而易见。他于1942年入伍，后在加州理工大学就读，成为第二次世界大战时的军事气象学家，后来又进入哈佛法学院学习，并最终开办了自己的律师事务所。他的智慧是毋庸置疑的。

在投资方面，他有着惊人的天赋，一个从未选修过经济学、商业、市场营销、金融、心理学或会计学课程的人，却成功地成了我们这个时代伟大的、令人钦佩的投资家之一。他的思想总能让人看到高度的理性和逻辑思辨力，他是具备独特思考能力的"长赢者"。

他是股神沃伦·巴菲特的亲密战友，也是伯克希尔·哈撒韦（Berkshire Hathaway）公司的主要创始人之一。

芒格曾经不止一次地表达过，对于那些他本人没有任何经验和理解的行业和企业，他原则上不会去投资。因为他看不懂这些技术和业务的本质。

可见，我们需要十分清楚自己的不足，要十分清楚有很多事我们自己做不到，所以要谨小慎微地留在自己的"能力圈"中。"能力圈"其实是股神巴菲特提出的重要概念。巴菲特和芒格都不止一次地提过，他们的"能力圈"是一个非常小的圆圈。

这是一个多么朴素的原理。历史实践证明，依据这条原则，芒格虽然错过了美国硅谷一众互联网企业和科创企业的爆发式增长，但也因为他的谨慎，成功地躲过了这些企业在周期性爆发后的剧烈下跌，从而能在整体和长远上保持令人瞩目的高收益率。

用一句话总结能力圈：人们都在努力变得聪明，但我们所要做的是不要变得

愚蠢，而这比大多数人想象的都要难。

要认清自己的能力圈，尽可能利用自己的知识，远离不懂的事物。在工作和生活中，学会规避困难，避免显露自己的愚钝比寻求聪明更容易。

建议每个人都时时提醒自己保持敬畏，保持谦虚，戒骄戒躁，不要盲目追随那些所谓让人一夜暴富的“别人的财富学”。

幸存者偏差

除了每个人的能力圈不同，导致我们无法简单复制别人的“财富密码”的另一个关键原因是幸存者偏差。

该问题来自统计学中的一个常见偏差问题，指的是当你倾向于评估某个事项的成功结果而忽视失败的情况时，就会出现抽样偏差。这种抽样偏差会使平均结果向成功倾斜，从而描绘出比实际情况更美好的图景。

究其原因，人们的本性很可能更加倾向于强调成功而有意无意地忽略失败，人们听到一位企业家分享自己的成功故事会感觉很振奋，但可能无法意识到其实有更多相似的企业家失败了。相对于失败案例，我们可能更关注和分享成功的故事。此外，成功的案例通常比失败的案例更引人注目，也更容易让人产生联想。

同样，在某些情况下，我们更容易接触到失败或者负面的案例，而这其实也是一种幸存者偏差。比如，在一些社交媒体平台，当我们搜索皮肤炎症的案例照片，希望对比自己皮肤上最近长出的小痘痘是否严重时，可能会搜索到令人触目惊心的皮肤病变图片，让我们吓出一身冷汗。

究其原因，撇开平台推荐算法的作用，并不是因为我们的小痘痘大概率是恶性的皮肤病变，而是因为那些有重大恶性皮肤问题的社交媒体用户，为了寻求对策，更有可能在平台上去分享他们的照片。

总之，只关注极端案例而忽视其他更广泛案例就会带来幸存者偏差。毕竟，如果不对案例进行全面评估，就会忽略真实情况。不完整的数据会扭曲结果，使我们误入歧途。

幸存者偏差的一个有名的早期例子来自第二次世界大战期间盟军执行完轰炸任务返航的飞机。军方希望在飞机上安装装甲，以保护易受攻击的部位。但是，他们不能在飞机所有地方都安装装甲，因为装甲太重了。

军方查看了那些成功返航的飞机上的弹孔。他们首先倾向于加固这些飞机被击中最多的位置。这似乎是有道理的，然而，数学家亚伯拉罕·瓦尔德（Abraham Wald）意识到这里面产生了幸存者偏差问题。认为应该按幸存飞机未被击中的地方加固装甲。

同样，很多财富学说是建立在那些成功人士或者极端案例基础上的，比如，有一个富豪因为某种原因在年少时就积累了一笔钱，然后通过创业和理财获得了财富。在这种情况下，幸存者偏差就发挥了作用。因为我们无法知悉那些失败的例子，看不到可能为数更多的那些创业或理财失败的例子，也忽视了那些无法在年少时期就积累一笔钱的人的失败案例。我们通常难以复制这位富豪的老路，甚至可能误入歧途，产生亏损。

换句话说，如果只学习那些“存活下来”的财富学，对财富管理可能会带有某种偏见。因为其中遗漏了更为全面的样本的情况，得到的是一种错误的或者有偏差的知识。

如何利用财富学

对于财富学，我们一是要认清能力圈问题，二是要明白幸存者偏差问题，意识到别人成功的方案，对我们未必适用。举个简单的例子，国外有本书在教授理财技巧时，特别指出要在工作之余寻找一个能够增加收入的副业，从而增加理财的基础存款。

这个出发点当然是好的，勤勉的人本就应该获得更多的财富，因为这牺牲了一些私人的休息时间。但对正处于职场攻坚阶段，需要频繁加班完成项目，或者需要经常出差的人来说，这个副业策略显然是不合适的。如果勉强实施，即便是年轻人，也可能会危及身体的健康。

又比如，有些人上有老下有小，财务状况根本不允许将大量存款投入超高风险或者流动性非常差的资产类别中。如果这些人盲目听从某些财富学的建议，不假思索地这样做了，不但财富可能遭受损失，而且会严重影响到家人的生活品质。

当然，财富学或许也有一定的价值，我们要做的则是认清楚自己的能力圈，学习其中适合自己实际情况的部分，规避掉那些不适合个人状况的内容。

说到底，能否利用好财富学取决于个人的领悟力和辨别力。一些优质的财富学资料可能会提供有价值的建议和财富积累策略，而另一些劣质的则可能充斥着速成计划或空洞的承诺。重要的是，在阅读或者学习这些资料之前，要研究透作者的情况并评估内容本身的质量，始终以健康的怀疑态度对待任何理财建议。

重要的是要明白，财富积累是一个长期的过程，需要自律、勤奋和耐心。这世界上绝对没有快速致富的妙方。

另一个重要方法是要以“挑刺”的心态来对待财富学。

一是要通过多元化视角，寻找能提供各种观点和致富策略的资料。对一个人有效的策略可能对另一个人无效，因此探索不同的方法并找到能引起你共鸣的方法才是有价值的。

二是要确认作者的可信度。要研究作者的背景和资历，了解他们是否有金融方面的经验或成功积累财富的记录，要确保作者具备必要的专业知识，能够提供可靠的建议。

三是要寻找能提供可操作步骤和实用建议的资料，比如有客观科学的理财模型和各类公式的计算步骤，而不是只有含糊不清的言论或过于乐观的说法，要有能指导我们了解个人理财、设定理财目标和实施有效策略的具体步骤。

四是要谨慎对待那些承诺快速、轻松解决致富问题的财富学说。积累财富通常是一项长期的工作，需要持之以恒的努力、自律和耐心。

最后，在准备相信任何财富学说之前，还要积极寻求各方面专业人士或者成功人士的意见。

总之，没有任何财富学能确保人们瞬间致富或成功。管理财富是一个多方面的复杂过程，归根结底，重要的是将财富学视为潜在的灵感和知识来源，并始终运用批判性思维，根据自身情况做出决策。

第五节　个人财富管理模型

芒格的智慧

举世闻名的投资家查理・芒格生前最后的总资产是多少呢？2023年，随着伯克希尔股价的上涨，据媒体统计，芒格的全部资产达到20亿～30亿美元，虽然远比不上巴菲特上千亿美元的身家，但也已经非常了不起了。

2023年11月28日，查理・芒格在美国加州一家医院安详地走完了他的一生，享年99岁。在其生前长期担任董事会副主席的伯克希尔公司当天发布的悼念公告中，巴菲特评价道："没有他和他所带来的领悟和智慧，伯克希尔就不会有今天。"[①]我们缅怀这位长期公开看好中国经济，鄙视穷奢极侈，不断为人们生活改善和社会进步贡献出领悟和智慧的伟大投资家。

通读美国作家珍妮特・洛尔（Janet Lowe）撰写的《查理・芒格传》（*Damn Right*）后我发现，芒格似乎并不像巴菲特（我也读过巴菲特的官方传记），他并不习惯那么简朴的生活方式。比如他喜欢到世界各地拥有丰沃渔产的地方垂钓，喜欢在风景秀丽的高尔夫球场和好友打上一个下午的高尔夫球（巴菲特也喜欢高

① 引自胡含嫣的《巴菲特告别神仙搭档：没有查理的灵感、智慧和参与，伯克希尔不可能达到今天的地位》，《中国青年报》，2023。

尔夫球），喜欢去各地的森林冒险，也会乘坐私人飞机到世界各地的名胜古迹旅游消遣。

总之，芒格不是“苦行僧”似的投资家，在我眼里他更像一个正常的有钱人，会为了个人兴趣投入数百万美元造一艘船，也会向斯坦福大学学生公寓的建设项目捐赠数千万美元。他不但过着富足的生活，而且还是个举世闻名的慈善家，资助过医院和学校，和巴菲特一起利用自身影响力向全世界宣传慈善事业的重要性。

普通人在追求个人财富保值、增值的过程中，除了要规避那种想依靠“财富学”一夜暴富的心态，还要有一个榜样人物作为楷模。从数十年的媒体报道、个人传记和旁人评述中可以看出，从普遍意义上说，查理·芒格是一位值得尊敬和学习的榜样。

有趣的是，芒格本人也一直公开倡导追寻模范的步伐来经营自己的人生。他说过：“我本人是一个传记（阅读）狂热爱好者，而且我认为当你要教会人们一些行之有效的伟大观念时，最好要和那些伟人们的生平及个性结合起来。我觉得要是一个人和亚当·斯密成了精神上的朋友，那他一定会把经济学得更好。虽然这听来很滑稽，但我们要和那些伟人交朋友。”①

如果在生活中，我们可以和那些思路正确、做事科学的人交朋友，学习他们的做法，以他们为榜样，那么我们个人财富管理的进展和成功率将大大提高，这相比简单学习一些理财知识或财务公式能获得更多的裨益。

由此，关于个人财富的管理，我们完全可以遵循芒格先生的一条金科玉律：在科学中，有少数几个公式，它们分量最重、作用最大。同样，在复杂的现实生

① 本书中除特别注释，其他所有查理·芒格先生的言论均来自《查理·芒格传》，引用详情请见本书“参考文献”部分。

活中，也有少数几个模型，它们也是最重要、最常用的。只要理解并熟练掌握这几个最重要的模型，你的人生就能得到很大的提升。

还记得前文提到的“个人财富管理模型”（见图 1-3）吗？追随芒格先生的思路，我们可以利用这个模型来构建自己的财富管理宏图。

个人 T 型记账

“个人财富管理模型”能够被顺利执行，记账是基础。很多人都明白，没有一个科学的方法，我们要同时达成三大目标（日常支出、维持债务、储蓄）的难度很高。

说到底，我们必须对个人每个月的收入有一个明确的计划，正如每一家公司都设有财务预算部门及会计部门一样，如果没有系统性的财务计划，收支必然会变得混乱。

家庭记账是个老生常谈的问题，也是很多上班族头疼的问题之一。常见的困难在于，无法明确记账是为了什么，这导致很多时候记着记着就会被众多消费行为打乱了节奏，后续就没空再去记录每一笔支出了，因为记了也没有用。

我们首先必须明白，记账是为了顺利执行个人财富管理模型，规划合理的支出，最终目标是为了每个月或者每年都有一定的余额来为以后的重大需求（退休生活、买房、赡养父母、子女教育等）做准备。此外，我们也必须规避那种“拍脑袋”定下的每月开支目标，以及为了实现这个目标而不断调整各类支出的鲁莽做法。我们应该用更加科学的方法，先通过记账来梳理我们合理的支出和留存，再进行思路的调整，也就是遵循从实际出发到归纳，再到找出解决办法的顺序。

有了这些基础，下一步就是找到一个科学而又容易理解的记账方法。

我曾经为了写一篇论文，问卷调查了近百人有关钱的问题，受访者的背景比较多元，既有类似钱小白这样毫无理财经验的人，也有像金多多这样在金融界工作的人。我发现几乎所有人都对自己的收支非常重视，非常有意愿规划好每个月的账单和存款，但并不是所有人都明白该如何做。

其中最大的难题在于无法找到一个简单的工具来处理这些问题。

很多人甚至选择躺平，明知财务规划的重要性，但不为所动。导致这些人大量使用信用卡借贷，超前消费，提前消费，成为月光族，甚至过起了拆东墙补西墙，通过互联网贷款到处举债的日子。

尤其对刚毕业或者涉世未深的年轻人来说，这样的生活场景更加容易发生。2023 年光明网报道过这样一个新闻故事，主人公林某是一个刚毕业两年的社会新人，从大学开始，她为了过上高物质生活，迷恋上了网贷。

从此，很多网贷平台都留下了她的足迹。她的思路是向不同网贷借款，拆东墙补西墙，但纸包不住火，随着窟窿越来越大，一天数十个催收电话，严重影响了她的生活，她才告知家人，最终酿成了重大损失。

此类故事绝不是个例，年轻人网络借款具有普遍性。尼尔森市场研究公司 2019 年发布的《中国年轻人负债状况报告》显示，在 3000 余名被调查的 18 ~ 29 岁的人群中，信贷产品渗透率为 86.6%，使用互联网分期消费产品的比例达 60.9%。

还有另外一种人截然相反，因为无法做好个人财务的基本规划，导致每个月都不敢多花钱，过着节衣缩食的生活，却不知道原来并不需要这么节省，适当使用信用卡能够提升生活质量，让自己过得更加幸福。

这两种人对待钱的方式都不足取，而这些问题的命门就是缺乏一款容易上手又比较科学的记账工具。

在这里，我向各位读者推荐“个人 T 型记账”法。详细介绍前，先说一下这个工具的特点：（1）借鉴会计学中的基础方法，但能为普通人所用，零门槛学习；（2）适用场景非常多元，可以笔记本手写、手机输入或者电脑输入，满足不同人的需求。

我们用一个具体例子来解释：假设一位职场白领上一个月末拥有的余额为 20 000 元，每个月的工资收入是到手 18 000 元，并有 3000 元月度奖金。我们请他记录自己 1 个月的收支情况，并用已熟练掌握的个人 T 型记账法来呈现。

由图 1-4 我们可以看出，所谓个人 T 型记账法其实脱胎于会计学中的 T 式借贷记账法，只是做了简化处理。

T 型记账法从整体上看分为左右两个部分，形状犹如大写的英语字母“T”。左边的加号代表进账的钱；右边的减号则相应代表支出的钱。

一般我建议以周为单位进行记账，由 4 周汇总成每一个月最后的余额或者亏空，再由 12 个月汇总成一年的收支情况。

我们从第一周看，这位职场人当周的主要花费是早中晚餐及一些必要的开销，其中购买球鞋和衣服的花销是用信用卡消费的，属于短期债务，所以在第一周结束汇总时，信用卡消费的金额 2000 元是包括在 3290 元总支出之中的，需要在括号内特别标注，以备月汇总时单独核算。

在第二周的支出中，归还上个月信用卡账单花销 5000 元，这里需要注意，上个月信用卡账单理应在本月进行归还，从而计算入本月的正常支出中，所以在周末汇总时，这 5000 元就需要标注。这是要区分上月信用卡账单和本月信用卡支出，因为本月的信用卡支出是下个月再来归还的。强调对信用卡等短期债务的记录是为了避免过度贷款，造成个人信用不良。

最下端是汇总了 4 周的月度收支总额，这里要加上上个月账户余额 20 000 元，叠加这个月的总收入 21 000 元，共 41 000 元。这个月的总支出是 14 695 元，其中包含了当月信用卡支出的 4300 元。由此得出这个月最后的盈余是 30 605 元，但因为里面的 4300 元实际上是负债，所以在最后的括号中，我们列出了减去 4300 元后的净盈余 26 305 元。

+	第一周	−
余额：20 000元		早餐：30元 午餐：250元 晚餐：500元 咖啡：420元 交通：90元 球鞋：500元（信用卡） 衣服：1500元（信用卡）
20 000元		3290元（2000元）

+	第二周	−
工资：18 000元		早餐：45元 午餐：300元 晚餐：500元 咖啡：300元 交通：120元 信用卡：5000元（归还上月）
18 000元		6265元

+	第三周	−
		早餐：40元 午餐：320元 晚餐：600元 咖啡：350元 交通：110元 礼品：1000元（信用卡）
0		2420元（1000元）

+	第四周	−
奖金：3000元		早餐：20元 午餐：250元 晚餐：550元 咖啡：400元 交通：200元 运动：300元（信用卡） 宴请：1000元（信用卡）
3000元		2720元（1300元）

+	本月	−
41 000元		14 695元（4300元）
30 605元 （26 305元）		

图 1-4　个人 T 型记账示例

最后，不要忘记每次完成月度汇总后都要复核一遍数字是否准确，计算是否有错误。

图 1-4 的记账法并不难理解，也不用整整齐齐的，而是可以比较随意地排列。其实，这是我有意为之，目的是要告诉读者朋友们，千万不要机械地去记账，而是可以简单地拿起纸笔，依照这个图画上一个“T”，左边代表收入，右边代表支出，好好回忆一下自己过去一周到底收入和支出了多少。关键在于记账，而不是这个账有多么精致。

个人 T 型记账法是朴素的，最重要的目的在于培养我们每个人定期记账的习惯和对信用卡消费的敏感性。简洁和实用是这个方法的主旋律，我们甚至可以抛弃这个“T”，在手机或电脑表格中记录，只要能区分收入和支出，只要能标注清楚信用卡等短期债务，就可以成为我们的定期记账法。

扩展阅读

会计学中的 T 型借贷记账法（T-account）是一种基础的、灵活的记账方式。T 型记账是一种典型的复式记账模式，该模式在公司会计中被广泛采用，原则是：所有的财务交易都会影响一家企业至少两个账户。

一个账户为借，相当于资金流入；另一个账户为贷，相当于资金流出，每笔交易都要在这两个账户中共同体现。T 型记账具有记录每一笔交易的分户账簿功能。对每一笔交易，T 的左边记录借的金额，而右边则记录相应的贷的金额。

当前很多专业会计人员，都在使用该记账方法进行会计操作。当然专业的 T 型记账理应是期末借贷两方相等，并可以为制作企业的财务报表所用。本书中的“个人 T 型记账法”只是利用了其记账的特点，并没有严格做账的功能。

第二章

钱的“前袋”和“后袋”

第一节　人的财富际遇

人这一辈子，关于财富的际遇是无法衡量的。

电影《当幸福来敲门》改编自美国成功投资家克里斯·加德纳（Chris Gardner）的同名自传。

加德纳出身贫穷，学历不高，一直到中年都从事着医疗器械推销员的工作。随后，生活中的很多失败让他几乎失去了所有，一边带着年幼的孩子四处漂泊，一边参加股票经纪的培训班。

据书中记叙，这段最昏暗的日子里，他带着儿子栖身于廉价旅馆、公园、火车站厕所、办公室桌底，很少有人能够体验这种颠沛流离的苦。

看过电影的观众也应该对其中的许多情节记忆犹新。在参加股票经纪培训时，加德纳并没有任何收入，靠着逼朋友还钱和继续推销医疗器械维持生计，在极其困苦的环境下，他却发挥出极大的精神力量：每天为了多打几个营销电话而舍不得去洗手间，自己饭都吃不饱也要去干洗西服，以备有机会在面对大客户时留下专业的形象。

就算在这样的困苦环境中，加德纳最后还是成功了。他不但最终成为一个成功的投资家，有了自己的经纪公司，而且是一位好父亲。他的个人奋斗经历不断激励着后来人。

但我们似乎很难在加德纳人生落寞的早期预测他今后的巨大成功。这就是典型的财富际遇的案例，一个人在不同时间的不同际遇可能会导致其人生的财富出现巨大的起伏。在加德纳人生的关键时刻，他遇到了一些能够改变他命运的人物。如果那个在停车场开着豪车的人不告诉他自己所从事的工作是股票经纪人，可能他就错过了转行的机遇。如果他早期电话营销的几个大客户不那么认可他的为人和积极的态度，那么即便他再怎么努力也会无济于事。

反之，世界上有没有人一开始过着富裕悠闲的生活，而到了人生某个阶段，境遇急转直下，财富大幅缩水呢？我相信也是有的。

有些年轻时候条件相对较好的人，可能会因为外部原因，或者自己犯了一系列错误，或者时运不济，导致手上的一副好牌没有打好，个人财富也遭遇了损失。

这无疑提醒我们，不能把每个人的生活和人生想得过于简单或者笃定。

不管是先苦后甜还是先甜后苦，人生的际遇会让个人的财富出现或多或少的变化。图 2-1 展示了两种不同的人生财富变化及反差对比。**通常来说，合理的财富增长趋势是随着年龄的增长，渐渐积累下越来越多的财富。但我们还需做好由于各种因素导致的财富在人生后阶段出现显著下降的准备**。可能并不是所有人都会经历人生财富的大起大落，但科学的准备是必需的。

每个人一生中的财富绝不一定是线性向上或者指数级向上的，由于人生阶段中自己的选择问题以及所犯下的一些错误，人的财富会有波动，正如人生会有起伏。这就提醒我们为了应对人生际遇，要早早做好准备，科学地管理自己的支出和财富。前文中所描述的“个人 T 型记账”方法就是管理个人日常支出的一个窍门，而更加系统性的财富管理方法则可以借鉴本书所提出的“个人财富管理模型”。

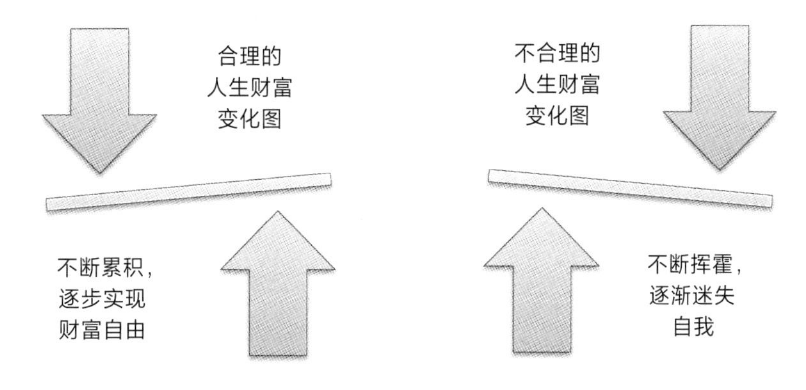

图 2-1　人生财富变化及反差对比图

为了应对人生起伏，该模型中的**应急基金**（见图 1-3）其实就是对抗个人财富波动的有效方法之一。

应急基金的重要性

首先，我们必须明确应急基金能够帮助我们什么，以及不能帮助我们什么。

人生际遇和个人犯下的错误是不可避免的，因为人无完人。比如，钱小白可能在 40 岁的年纪突然失业，又比如，一个刚退休的人突然面对身体健康的巨大问题。或者，我们说些更加轻松的假设，比如日常使用的汽车突然需要大修。这些问题绝不可能因为应急基金的存在而得到豁免。

然而，应急基金能够帮助正面临这些难题的人们在财务上避免受到更多的伤害。或许有些人生变故并不是钱的问题，但如果有笔钱可以作为后盾，就能让自己处理起来更加硬气，心里得到不少安慰。

建立个人的应急基金是应对突发支出或者即刻人生变故的重要防御手段，我们

可以将这部分钱看作一面城墙，为我们挡住一些急剧变化所产生的“洪水猛兽”。

应急基金有三大益处值得读者思考。

第一，有助于减轻生活压力

当生活中出现紧急变故时，不但会威胁我们的财务状况，也会造成我们心理上的巨大压力。如果你的生活没有一张安全网，你就生活在财务危机的边缘，只能期望不会遇到任何突发危机，而没有切实的准备，无法未雨绸缪。

有了应急基金的准备，我们就会有底气、有信心去应对生活中的突发事件，至少不必再为钱财而烦恼。

第二，可以防止人们做出错误的财务决定

如果遇上突发危机，那么很多毫无准备的人会选择借款来缓解危机。他们的想法是，根本不需要储备应急基金，还有其他方法可以快速获得现金，比如借贷。然而，向亲朋好友开口借贷，看似只需脸皮厚一点，可一旦还不起钱来就会成为孤家寡人，被人嫌弃，信誉扫地。

选择向外部借贷机构借款，如果还不了，那代价可就大了。高利率、逾期费用和高昂罚息只是其中的一些弊端。很多人对个人信用满不在乎，选择大量借贷，然后无法归还。而以后一旦需要使用个人信用记录（比如按揭贷款买房），很可能就会傻眼。应急基金的存在能够防止那些为了应急而做出的过度借贷。

第三，能让人更习惯存钱，不过度消费

准备应急基金最好的方式就是遏制过度消费和超前享受。

如果人们毫无应急基金的概念，很可能就会大手大脚地花钱去购买一些根本

用不着或者纯粹为了面子的商品或服务。

消费主义和即时满足在其中扮演了重要角色。清华大学哲学系杨志华先生在一篇论文中指出，消费主义与消费社会是相互生成和支持的。消费主义的实质是物质主义，作为人生观和价值观的消费主义肯定有其原生性缺陷，因为它通过支持“大量生产－大量消费－大量废弃”的现代生产生活方式而导致了全球性的生态危机。[①]

如果不重视对消费主义的正确理解，就很容易掉入消费陷阱。简单来说，就是无节制、无顾忌地消费物质财富和自然资源，并把高消费所带来的物质享受看作人生最高的目标追求。消费陷阱会让人渴望奢华、渴望金钱，并对别人的评价极为重视，对自己的真实需求产生错乱感。

久而久之，消费陷阱容易让人迷失自我，追求低级满足，甚至以他人的评判作为自己的消费依据，特别容易养成即时满足的坏习惯。

即时满足往往与延迟满足相对立，延迟满足是指放弃短期内较小的回报，以换取长期内更大的回报。即时满足则相反，指在短期内寻求尽可能多的快乐，而不考虑实现长期目标。

棉花糖实验：延迟满足的结果

美国斯坦福大学的心理学家通过棉花糖实验总结了延迟满足的价值。通过研究那些有能力或没能力推迟几分钟吃棉花糖零食的儿童，心理学家们获得了重要的见解，了解到为什么延迟满足作为未来成功的预测指标如此重要。

斯坦福大学的心理学教授沃尔特·米歇尔（Walter Mischel）长期致力于研

---

① 引自杨志华，卢风．消费主义批判［J］．唐都学刊，2004，20（6）：4。

究儿童延迟满足的问题。他邀请一群学龄前儿童做出选择：立刻得到一个棉花糖作为奖励，或是等待 15 分钟后得到两个棉花糖。**结果证明，那些在学龄前延迟满足任务中取得成功的孩子，在高中阶段获得了更高的 SAT[①] 分数，表现出更高的自我价值，并避免了成瘾行为**。

几十年来，棉花糖实验一直是心理学中一项有价值的研究案例。多年来众多学界大咖的进一步研究补充了该实验的发现：与寻求短期快乐相比，人们从延迟满足中获得的更多。

研究发现，延迟满足拥有四个好处：

1. **更强的心理稳定性：** 当人们巩固自己追求长期回报和不被短期快乐干扰的能力时，也会增强自己的心理健康和幸福感。有了这种更强的心理稳定性，人们坚持到底实现远大目标就变得更容易。此时，延迟满足还能培养人们的情商，使他们知道如何充分满足自己的需求，并完善整个决策过程。
2. **提高工作绩效：** 研究显示，孩子在年幼时展现出的延迟满足的能力与他们成年后在学习和工作环境中倾向于采取类似做法的行为相关。当孩子能成功地推迟寻求短期的快感，以等待长期更好的回报时，他们就能更好地培养自己的能力，从而在生活的各个领域中脱颖而出。
3. **提高社交能力：** 在社会环境中，无论是幼儿还是成年人，都可以从延迟满足而不是即刻的满足中获得收益。如果我们永远只想立即得到满足，就会导致在任何时候都把自己的需求置于他人之上，从而阻碍我们建立和维持持久关系的能力。
4. **减少自害行为：** 成功的延迟满足感可以减少有害和成瘾行为。任何上瘾都

① 为美国高中毕业生学术能力水平考试。

是瞬间满足发展到了极致的行为模式，会对你的身心健康造成严重破坏。延迟满足能让你找到更积极、更持久的应对机制。

如何训练延迟满足能力

综上所述，当具备延迟满足的能力时，人们就能稳步提高控制冲动的能力。但要做到这点是非常困难的，或许需要从心理层面进行自我训练。

首先，扪心自问即时满足是否真的有用。乍一看，寻找延迟的满足而不是即时的满足似乎有悖直觉。不过，我们跨越更长时间来看，追求短期的、即刻的快乐是否还会带来真正的满足感呢?

想象一下，这就好比在顷刻间获得 5 元的金钱奖励，而不是等待 1 小时得到 100 元。延迟满足往往也会带来更好的现实回报。

为此，一些心理学家鼓励人们练习冥想来获得足够的心理空间，提醒自己为了追求更大的回报，暂缓渴求“短视”的多巴胺。巧合的是，人们通过冥想体验到的放松本身也对健康有益。练习得越多，对身心的自我调节能力就可能越强。

每一次通过自我克制而规避一个即时满足的行为后，别忘记给自己一个更大的延迟奖励。比如，在今天中午我忍住没有吃一个贵得离谱的套餐后，一定要让自己享受一顿丰盛且性价比高的晚餐。要保持韧性，就必须让自己得到回报。这些回报将不断激励自己完成延时满足。

回到应急基金上，该基金的设计初衷其实也在于提供一个很好的定期自律账户，让我们更容易执行延时消费，杜绝过度消费和陷入消费陷阱。

一旦人们强迫自己准备应急基金，那么这部分钱就不会出现在这些人触手可及的地方，也就意味着能对人们随心所欲的花销产生一定抑制作用。

这就需要读者把应急基金存放在一个独立的账户里，并确保该账户具备非常大的流动性，这样就能清楚地知道自己有多少应急的钱，也能时刻提醒自己还需要存多少进去。

那么，应急基金从哪儿来，存多少才合适呢？

规模巨大的资产管理机构先锋领航（Vanguard）就个人应急基金发布过一份研报。其中调查发现，当代人最有可能面对的应急支出为以下五大方面：

（1）**失业；**

（2）**急性医疗支出；**

（3）**预期之外的房屋维修或者装潢支出；**

（4）**汽车维修；**

（5）**意外的旅行支出**。

由此，可以大致计算出应对以上这些问题的开支是多少，以此来决定应急基金到底存多少钱合适。当然，还需关注这五大问题会不会出现两两同时发生，甚至三大问题同时发生的情况。

为了做好充分的准备，读者不妨以概率最高、开销最大的应急支出作为基准进行计算。比如，对于年轻人来说，可能还没有买房或者买很贵的车，意外旅行和重大疾病的概率也比较低，那么应对失业的应急支出可能就是正确的基准。

具体的测算可以是这样的：如果每个月的生活必备开销是 3000 元，那么我们可以存 6 个月至 1 年的生活必备开销作为基本的应急基金。

其实，纵观世界主要理财书籍或者理财名人的建议，存储 3 ~ 9 个月（一些财富领域的资深人士近年来也推荐 6 ~ 12 个月）的生活必需开销是比较恰当的应急基金规模。**在本书中，我推荐更加保守的 6 ~ 12 个月**。

最后，应急基金的资金来源也必须弄清楚。按照“个人财富管理模型”，应急基金应该来自每个月固定收入中的一部分，也可以来自个人理财后所得到的部分盈余。但还需注意三大陷阱。

第一大陷阱：使用信用卡

紧急情况本来就会带来很大的财务负担，而使用信用卡会进一步加剧这方面的负担。信用卡取现的利率可能高得离谱，而且，别忘了潜在的滞纳金、透支信用额度的风险，以及如果不能按时还款，个人信用评分也可能会受到影响。

第二大陷阱：提取退休金

动用为退休（或其他重大人生目标，如上大学）预留的资金来补充应急基金可能会在很多方面对个人造成伤害。

提取的这部分资金最终可能会削弱我们实现远期目标的能力。比如，为了应急而直接拿出 10 000 元，这虽然不是一个大数目，但会让我们错过多年的复利积累。即便按照最低的年化复利计算，这也可能意味着退休后少了几万元的收入。

第三大陷阱：盲目出售高收益投资

很多人会在股票或高风险债券投资中藏一些“很牛的钱”，这部分钱可能将在中远期给他们带来很高的回报，所以我们一般不建议将这部分资金视为应急基金。

紧急情况往往会发生在个人意想不到的时候。如果紧急情况发生时，我们的股票或债券资产正遭受市场低迷的打击，此时动用所持股票或高收益债券来充当应急基金，就会让自己遭受损失。

总之，从“个人财富管理模型”角度出发，应急基金和储蓄密切相关。其额度一般可以是个人 6 ～ 12 个月的基本生活必需支出，资金来源则要提前从每个月的工资收入中进行预留和定期补充，也可以从理财收益中进行分拨，但要避开上述提及的三大陷阱。

第二节　巴菲特的信徒

金多多和钱小白还有一个非常明显的区别：前者内心崇拜巴菲特和芒格，平时极力学习这两大著名投资家的生活习惯和投资方法；而后者则对这两人没什么认识，只是听过巴菲特的名字而已，甚至连芒格是谁都不知道。

读者当然不能简单地认为，因为金多多崇拜、效仿巴菲特和芒格，而且他的理财能力和个人财富水平比钱小白明显高一个层次，所以所有崇拜、效仿巴菲特和芒格的人都可以获得成功。其实这里面没有因果关系。

我认为，个人的财富成就一定是和个人的素质和努力程度有关，是否借鉴、学习巴菲特或者任何成功的楷模可能起不到什么实质性的作用。**然而，就算这样，我们也应该仔细研究这些楷模的奋斗故事和成功故事。就财富管理来说，最好能学习到这些人的消费观和财富观，以及投资策略等。**

股神沃伦·巴菲特

全世界各类媒体平台上都充斥着对沃伦·巴菲特的报道和描述，人们可以总结出他身上的许多标签，以反映他平常生活和投资事业的不同方面。我认为其中有三大标签最具代表性。

1. **他是一位杰出的投资者**。巴菲特被公认为历史上成功的投资者之一。他的投资能力和长期获得丰厚回报的记录为他赢得了“股神”的美誉。在投资过程中，巴菲特善于发现价值被低估的公司，做出正确的投资决策，并创造长期财富，这使他成为投资界令人尊敬的人。
2. **他让奥马哈成为投资胜地**。巴菲特经常被称为“奥马哈的甲骨文”。这一称号显示了他与美国内布拉斯加州奥马哈市的联系，他在那里过着简朴的生活并将自己经营的伯克希尔·哈撒韦公司作为主要投资平台。这个称号代表了他的智慧、远见和敏锐的投资洞察力，也反映了他在投资和商业事务上提供宝贵建议和指导的能力。
3. **他是知名的慈善家和捐赠者之一**。巴菲特因其慈善事业和对社会的庄严承诺而闻名。他与比尔·盖茨共同发起了“捐赠誓言”（Giving Pledge）的倡议，承诺将大部分财富捐赠给慈善事业。这个举措彰显了他对社会产生积极影响的奉献精神，并激励其他富豪投身慈善事业，对全球众多事业和社区产生了重大而持久的影响。

如何用数字评价巴菲特的成就呢？他的总财富常年保持世界前五，很多主流财经杂志预测其 2022 年的个人资产超过 1100 亿美元。我们也可以通过他旗下伯克希尔股票的股价波动来进一步证实他的业绩。

根据伯克希尔 2022 年报中的计算，从 1965 年巴菲特正式入主开始到 2022 年年底，其股价每年的复合增长率为 19.8%。这恰好是相同时期内美国标准普尔 500 指数收益率 9.5% 的两倍（包括红利再投资）。①

然而，当查阅这 58 年的总回报率时（期末值减去期初值，再除以期初值），

① 引自伯克希尔·哈撒韦公司 2022 年年度财务报表（上市企业公开资料）。

你会发现其实伯克希尔的表现比标准普尔指数大约高了 153 倍——用伯克希尔 3787464% 的总回报率除以标准普尔 24708% 的总回报率就可以得出这一结果。年复合回报率只有 2 倍，究竟是如何产生 153 倍的总回报率的呢？[①] **这其实又是年复一年复利的力量，通过 58 年的指数级增长回报得来。**

我们再用近年来最新的一个例子来看巴菲特的非凡投资智慧。

2020 年夏天，伯克希尔公司透露，其在日本五大商社（伊藤忠商事、丸红商事、三菱商事、三井物产和住友商事）中分别购买了约 5% 的股份。据当时估算，这家美国投资和保险巨头持有这五家公司股份的总价值约为 62.5 亿美元。[②] 而且伯克希尔还公开告诉股东，对日本五大商社的投资是长期的，持股规模可能还会增加。

截至 2022 年年底，巴菲特当初的这笔投资，在短短一年多时间里已经为伯克希尔公司带来了大约 40 亿美元的收益。据“券商中国”报道，自 2020 年 8 月底伯克希尔买入日本这 5 家公司至 2024 年初，这 5 家公司均实现股价大涨，涨幅在 2 倍到 5 倍之间。[③] 而一贯坚持长期主义的巴菲特显然没有停下来的意思，到了 2023 年半年报发布时，随着日本股市飙升至 33 年来的新高，伯克希尔披露其对日本 5 家巨头公司的持股实际上已经加倍，在每家公司的平均持股比例超过了 8.5%。伯克希尔还指出，最终可能将每家日本商社的持股比例提高到 9.9%。

像沃伦·巴菲特一样聪明，才可能抓住这种一个世纪才会有两三次的机会。截至 2024 年初，对日本的投资让巴菲特获得了稳定的资产、巨大的现金流和较低的风险。

① 引自《伯克希尔市值增长率：1964 年至 2022 年为近 3.79 万倍》，澎湃新闻，2023。

② 引自《巴菲特再抄底周期股！伯克希尔 62.5 亿拿下日本五大商品贸易商 5% 股权》，华尔街见闻，2020。

③ 引自《巴菲特，赢麻了！》，券商中国，2024。

巴菲特做出这些决策的逻辑基础主要有三点：首先是因为日本的利率常年处于历史低位，这意味着伯克希尔可以在日本本土以低廉的价格借到钱，并用这笔资金购买股息率为5%的股票。其次，这些商社是在日本真正根深蒂固的大财阀，它们拥有廉价的铜矿和橡胶种植园，这使伯克希尔的投资可以获得很大的安全系数。

最后，巴菲特决定在日本投资，当然也是出于对日本宏观经济前景的乐观判断。而从他的投资结果看，这位传奇投资家对日本经济前景的乐观判断也带动了整个世界投资界对日本经济的看好，形成了良性循环。

很多人都对巴菲特这笔已经至少达到100亿美元的投资充满了信心，正如巴菲特数十年历史业绩所展现的那样：钱来得真容易，就像上天打开了一个箱子，把钱倒了进去。

前世界首富比尔·盖茨一贯也是巴菲特的“迷弟”，他在20世纪90年代曾经洋洋洒洒写了近万字的文章，描述他从巴菲特身上学习到的各种经验和方法。

我们可以从巴菲特身上学到专注股票投资和长期主义的优势。请记住这两个优势，它们对后文我们构建属于自己的资产配置模型可起到地基的作用。

纵观巴菲特多年的投资历史，他一般会投资自己熟悉的公司或者行业，不太投资美国股市以外的公司。很多时候，他可能仅仅投资于很少数量的企业，而不像有些投资机构那样“广撒网”。

他一般也不太愿意出售已经购入的股票。这可能更多的是出于一种思想，而不是出于什么投资策略。然而，谁也无法推测出这位世界上最成功的投资者到底为何那么喜欢长期主义，或许我们只能如此推断：巴菲特天生就是一个不喜欢变化的人，倾向于保持稳定，是个人的性格在一定程度上决定了他的命运。

巴菲特的一句箴言反映了他对长期主义的偏好：“人们应该投资于连傻瓜都能经营的企业，因为只有好的商业模式才是最关键的，况且谁都说不准哪天一个

傻瓜会上台领导这家企业。” ①

在仔细阅读了介绍巴菲特的很多文章后，我汇总了股神在投资股票、个人修养和个人理财三个方面的理念，如表 2-1 所示。

表 2-1 巴菲特的典型思想

关于投资股票	
1. 长期投资	巴菲特信奉长期投资方法，强调长期持有优质投资的重要性。他鼓励投资者关注公司的基本价值，而不是短期的市场波动
2. 价值投资	巴菲特是价值投资的倡导者，价值投资包括寻找价值被低估、基本面稳健的公司。他一般寻找具有竞争优势、管理层实力雄厚、盈利记录稳定的公司
3. 安全边际	巴菲特非常重视安全边际的概念。他建议投资者在股票交易价格低于其内在价值时买入股票，为潜在损失提供缓冲
4. 集中分散	虽然巴菲特相信要集中投资于自己最中意的股票，以产生有意义的回报，但他也认识到分散投资的重要性。他曾建议初级投资者应该足够分散投资，比如投资于被动指数基金以避免集中风险
5. 关注长期	巴菲特建议投资者关注公司股票的长期价值，而不是短期的市场波动。他寻找具有持久竞争优势、持久强大管理团队和可持续商业模式的标的
6. 避免预测市场	巴菲特建议不要试图把握整体市场时机或进行短期预测。他认为，不可能持续预测短期市场走势，因此建议专注于长期投资策略，以及个股的分析
关于个人修养	
1. 耐心和自律	巴菲特强调投资和做任何事都需要耐心和自律。比如，他建议不要试图把握市场时机或根据短期趋势频繁交易；相反，他建议专注于长期目标，做出有自律性的投资决策
2. 不断学习	巴菲特以贪婪的学习欲著称。他强调持续教育和广泛阅读不同行业和公司案例的重要性。巴菲特认为，获取知识和保持信息灵通对于做出正确的投资决策至关重要

① 本书中除特别注释，其他所有沃伦·巴菲特先生的言论均来自《巴菲特传》，引用详情请见本书“参考文献”部分。

（续表）

关于个人修养	
3. 谦逊和情绪控制	巴菲特主张在做任何决策时要谦虚和控制情绪。关于投资，他警告说，不要被市场情绪左右，也不要因为恐惧或贪婪而做出冲动的决定。保持理性和客观是成功投资的关键
4. 慈善与回馈	巴菲特大力倡导慈善事业，并承诺会捐出自己的大部分财富。他鼓励其他人回馈社会，对世界产生积极影响
5. 从错误中学习	巴菲特承认，错误是任何投资的自然组成部分。他鼓励投资者从错误中吸取教训，避免重蹈覆辙。分析过去的投资失误可以提供宝贵的经验教训，有助于改进未来的决策
6. 培养长期心态	巴菲特将其成功部分归功于他的长期心态。他建议人们在生活的各个方面，包括投资、职业选择和人际关系方面，都要有长远的考虑和规划。培养耐心和长远眼光，可以做出更好的决策，取得更好的成果
关于个人理财	
1. 投资你所了解的	巴菲特强调投资于自己非常了解的标的和产品的重要性。他建议不要投资你无法掌握或无法简单解释的任何资产或金融工具
2. 避免过度投资	巴菲特告诫不要为投资支付过高的价格。他建议计算所有投资的内在价值（现值），只有当市场价格明显低于该价值时才进行投资。通过这样做，投资者可以增加安全边际，最大限度地降低过高购买任何资产的风险
3. 保持简单	巴菲特主张投资简单化。他喜欢简单明了的投资策略，避免使用复杂的金融工具或他不容易理解的策略。保持简单有助于降低风险，增加做出正确投资决策的可能性
4. 别人贪婪时要恐惧，别人恐惧时要贪婪	巴菲特的这句名言强调了逆向思维的重要性。他建议投资者在市场过度乐观时要格外谨慎，但在别人普遍恐惧时则要大胆。通过逆向思维，投资者可以发现别人可能忽略的机会
5. 财务决策要有安全边际	巴菲特的安全边际概念不仅限于投资股票。他建议个人在做出财务决策时保持谨慎，对意外事件或短期内的财务挫折保持一定的缓冲和定力。这种做法可以为个人理财提供稳定性和弹性

看得出，不管是坚持价值投资还是对财务报表和商业模式的超常理解，不管

是坚持长期投资理念还是在别人恐惧时贪婪，在别人贪婪时恐惧，有一点是明确的：**持续地进行股票市场投资是巴菲特得以成功的基本逻辑**。这契合前文中关于吃到复利红利的思想，也将成为本书后续构建个人财富管理模型的重要逻辑支撑。

巴菲特的价值投资

关于股票的价值投资，巴菲特经常喜欢说，投资中没有所谓的三振出局（棒球术语）。只有当投资者挥棒落空时，才会出现三振。当击球时，不应该关心每一个球，也不应该后悔没有挥棒击中好球。换句话说，投资者不必对每只股票或其他投资机会都有自己的看法，如果没有选中的股票大幅上涨，也不应该感到遗憾。

如果跟随他的思路，那么或许在一生中，投资者应该只投几十只股票就够了，而且即便像他那样做足了功课，也可能只会因为其中的几只股票而赚到钱。这再次提醒我们投资的难度。

当巴菲特投资一家公司时，他会尽可能地阅读该公司的所有年度财务报告。要看这家公司是如何发展的，它的战略是什么。他会深入调查，慎重行事，而且绝不降低挑选的标准。一旦认准购买了某只股票，他就不太愿意出售了。

巴菲特还会重点考察一家企业的核心管理层，因为他不相信企业的成功依赖于每个员工的优秀。他认为，当优秀的管理者进入一个基本面很差的企业时，企业的声誉一定会保持不变。反过来当企业效益非常不好的时候，即使有很多优秀员工，但管理者不行，也无济于事。

好的投资标的（比如上市企业）就像一座城堡，我们每天都要思考：管理层是否在扩大护城河（指企业独到的优势）的规模？一些不寻常的良好因素结合在

一起，才能形成护城河，使某些公司免于被一些激烈的竞争所淘汰。伟大的企业并不常见，而且很难找到，但好的投资者只投优质上市企业的股票，而不能滥竽充数。

比尔·盖茨曾经感叹道：“沃伦（巴菲特）精通数学，我也是，但擅长数学并不一定就能成为优秀的投资者。巴菲特能超越其他投资者并不是因为他的数学统计能力多么了不起，而是因为沃伦总是投资那些他根本不需要利用计算决定投与不投的企业（指巴菲特对所投企业的把握非常高，它们有很大的护城河）。”[①]

对于我们普通人管理个人财富，研究巴菲特的重大意义在于，如果我们想要在人生中稳步增加财富总额，并在长期时间里获得可以满足我们长远生活必需和大额支出的理想收益，那么进行投资和理财是一条重要的道路。

当然，学习巴菲特的理念、研究他的公开论述可能还不能让我们掌握具体的投资理财方法。这里我想特别指出的是，股神巴菲特的人生经历和为人准则里，似乎还隐藏着显著区别于普通人的地方，其中**“简朴的生活”**和**“一贯厌恶举债”**这两个原则和我们个人的财富管理息息相关，都对普通人树立正确的财富观具有积极意义。

简朴不等于纯省钱

巴菲特历来以简朴的生活方式著称。从其投资生涯的早期开始，他就屡屡公开批评那些拿着过高工资、过着穷奢极欲生活的富豪，有时那些被他点名批评的人甚至不是他所投资企业的高管。

---

① 本书中除特别注释，其他所有比尔·盖茨先生的言论均来自《我从巴菲特身上学到了什么》（*What I Learned from Warren Buffett*），引用详情请见本书“参考文献”部分。

好友比尔·盖茨曾经这样描述他的日常：他每天总是喜欢坐在办公室里阅读和思考，除此之外，他虽然还会做一些其他事，但并不多。

巴菲特似乎是“习惯性动物”。他在美国奥马哈长大，他一心留在奥马哈。因为他已经有了一些老熟人，他就想和这些人一直在一起。他不是一个追求新奇事物的人。一直到现在，他住在27岁时为自己买的一栋位于奥马哈的房子里。

我的一位旅居美国的好友曾经探访巴菲特在美国的住所（外面路过看看而已），当他在奥马哈机场打车时，只说了句“请带我去巴菲特先生的住所”，司机就可以直接带他过去，这说明万亿身家股神的住所并不神秘，奥马哈本地人几乎都知道。

我的好友告诉我，股神的住所没有高墙大院，也没有戒备森严的安保，看上去就像是美国中产阶级都住得起的相对普通的房子。

从比尔·盖茨的言论中不难看出，巴菲特喜欢安静的办公和生活场所，这也是这个朴素的地段和房子能够留住他的最重要原因。相比之下，寸土寸金的纽约华尔街弥漫着喧嚣和紧张，会促使人们做出不合理的决策，做一些没有必要的事情。这些都可能让巴菲特对那种“纸醉金迷”的生活敬而远之。

这正好和他的专注和长期主义相契合，对简朴生活的极致追求贯穿了巴菲特的一生，也成为他投资的一种理念。住在普通的房子中，日常吃的是汉堡加可乐，几十年都穿着同一套西服出现在公众面前……巴菲特拥有超过1000亿美元的身家，但他所使用的物品和个人消费并不属于富裕阶层的标准。这里所谓的简朴是和他的财富相比较的，他的个人支出和消费着实很低，尤其和有些富人相比。

对于消费主义陷阱的规避和延时满足的能力在他的生活中起到了关键作用。**如果你购买不需要的东西，很快你就不得不卖掉需要的东西**。

数十年来，巴菲特通过数十次股东大会，多次向年轻人传递崇尚简朴的价值观。但他的简朴其实并不是单纯的省吃俭用，而是具有某种巴菲特式的实用主义，一种具有代表性意义的节约思维——**更多的是一种“把钱放到更能生钱的地方”的思路，并不是一味地存钱不用，而是一种“以钱生钱”的逻辑**。

根据《巴菲特传》的描述，他从 13 岁开始就通过送报纸赚钱。和普通美国孩子老老实实替邻居送报不同，巴菲特居然通过科学规划，每天早上可以送出高达 500 份的早报，为此，他亲自规划了 5 条最优送报路线。

就这样，他积攒了人生中的“第一桶金”，大约 1200 美元。没过几年，凭借这笔原始积累，初高中时期的股神做起了弹子球机生意，之后还购买过一块农场土地，甚至雇了其他小伙伴一起送报……年轻的巴菲特可以说没有浪费过一笔钱，也没有因为贪图享乐花掉一分钱。

等到了大学时期，巴菲特已然是一个拥有不少资本的小老板了，和同龄人相比，他的厉害之处在于拥有商业最前线十多年的鲜活经验。同时，年少时期的金钱积累也让巴菲特能在大学期间就可以在股票市场尝试各种博弈，在大学的最后时光中，他学习了本杰明・格雷厄姆（Benjamin Graham）[①]的价值投资理论，从而开启了此后数十年的长盈投资历程。

巴菲特对子女的财富教育也相当具有代表性。从他们非常小的时候开始，巴菲特便给每个子女赠送了一定数额的伯克希尔股票，鼓励他们像自己一样长期持有（甚至永远不用卖掉）这些股票，以培养他们投资的意识。

当他的子女长大后面临资金短缺的问题时，作为父亲，巴菲特并不会一味吝啬，逼迫他们过上苦行僧般的生活，但也不会大肆提供金钱，而是鼓励他们通过自己的努力去赚钱。

① 本杰明・格雷厄姆是美国著名的投资学者，价值投资的创始人之一。详情介绍请见本节后的扩展阅读。

他的子女有两个求助于父亲的好方法：一是从父亲那里贷款，但利息要参考市场价；二是可以向父亲寻求投资，但所投的项目必须是股神看得上的，而且一定要能产生收益并给他带来投资回报。

巴菲特对子女的财富传承观培养取得了非常好的结果，他的儿女们都在各自的领域取得了很不错的成绩，而且他们都很尊敬他。正如 2023 年 11 月的一则新闻所展示的，巴菲特再次承诺去世后 99% 以上的财富会捐给慈善机构，并指定他的三个子女充当遗嘱执行人。这充分说明了他对子女教育的成功。[①]

这些无不告诉人们，为了更好地管理个人财富，我们对简朴的理解除了通常所认为的节俭、规避消费陷阱以及延时满足外，还应该借鉴巴菲特的那种以钱生钱的思维模式，不断将自己的物质欲望控制在合理水平，同时始终追求个人财富的持续增长。

厌恶债务

从“个人财富管理模型”中，读者可以看到债务是我们日常生活中必不可少的组成部分，前文展示过的个人 T 型记账方法中也有信用卡消费和还款记录的例子。

信用卡的使用可能是普通人最经常接触到的一种债务形式了。

在前文中，我曾经描述追求财富自由过程中的“五大陷阱”，即使像钱小白那样，每个月的信用卡账单和按揭贷款还款压力巨大，但为了维持现代人必需的生活品质，合理的借贷必不可少。

《中国银行卡产业发展蓝皮书（2023）》指出，截至 2022 年年底，我国银行

---

① 引自《巴菲特安排遗嘱：捐出 99% 以上财富》，《北京商报》，2023。

卡累计发卡量达到93亿张，当年新增发卡量0.5亿张，同比增长0.6%，全国银行卡交易额1042.9万亿元。美国的情况也差不多，截至2022年第一季度，全美持卡人平均欠款近5800美元，信用卡债务总额近9000亿美元。①

尽管信用卡被广泛接受，但如果使用不当，也会带来风险。巴菲特一贯就对使用信用卡持谨慎态度，他更喜欢使用现金支付日常开销，不喜欢欠钱。有趣的是，虽然巴菲特不喜欢个人借贷，但他并不排斥投资那些发行信用卡的银行和金融机构。多年来，他通过投资美国信用卡发行商美国运通赚了不少钱，巴菲特投资过的为数众多的美国头部银行（比如美国银行、花旗银行等）也都从信用卡业务中收获颇多，这也间接让股神得益。

从本质上讲，这其实不是巴菲特自我矛盾，而是反映出他对投资的分析是非常理性的，并不会受到个人生活模式或者个人偏好的影响。就好比虽然自己不常购买爱马仕的产品，但芒格却不止一次在媒体前表达对爱马仕这家公司的喜爱。从统计学上说，巴菲特和芒格所中意的举债理念和消费习惯也并不能代表整体趋势，我们同样不能盲从两人所有的看法。

我听过这样一个故事：一位继承了钱财的人向一位富豪询问如何较好地利用这笔钱去投资，富豪的建议出人意料，“你的消费如此之高，债务压力如此之大，这笔钱的用途是去代替信用卡的支出，而不是拿去投资”。

这个富豪的建议是有道理的。现在一款普通信用卡的逾期借贷成本可能都高达年化20%左右。当一个人已经债务压顶时，再冒着风险去借贷就会面临巨大的财务风险。要知道，从长期看，即便是最优秀的机构投资者，对美国股市投资的历史年化回报率也可能大大低于20%，因此，如果借贷成本实在过于高昂，我们就不要去尝试可能亏大本的买卖，硬着头皮去借贷投资了。

---

① 引自《通胀和利率飙升，信用卡债务淹没美国人》，中国日报中文网，2023。

不管是巴菲特还是芒格，他们在数十年来的投资战略中始终恪守严格控制使用财务杠杆的原则。投资中的财务杠杆是一种使用借贷资金的激进投资策略，具体来说，就是使用各种金融工具或借贷资本来大幅增加投资的潜在回报。同时，财务杠杆也会极大地增加投资者的风险，一旦发生因无法追加保证金而平仓这样的风险事件，投资者就会血本无归。

与使用杠杆不同，巴菲特更加倾向于利用保险浮存金，即伯克希尔旗下保险公司中的保险损失准备金、未使用保费等资金。因为保险的年限非常长，正好符合他的长期主义价值投资理念，而且这些资金的成本非常低，几乎不需要支付利息，因此，用这些钱去投资的风险要比向机构借贷进行投资低得多，效果却是差不多的。

然而，并不是每个人都是巴菲特。金融市场的一个重要法则是滥用杠杆可能会造成严重后果，2008 年的全球金融危机就是一个例子。对于类似钱小白这样对投资没有基础知识储备的人来说，如果不使用杠杆，就不会陷入财务困境的风险旋涡，要时刻谨记，利用财务杠杆投资存在巨大的风险，弄得不好可能会让人倾家荡产。

每当要借钱购买一些并不那么实用的昂贵商品时，或者想利用各类网贷去进行无节制消费时，又或者想通过借贷资金炒股时，我们或许可以用这句话提醒自己："如果你聪明，你就不需要借贷；如果你愚蠢，你就不应该去借贷。"

不用财务杠杆去投资通常是安全的，难道我们能保证自己的投资水平高于巴菲特吗?

扩展阅读

本节提到了本杰明·格雷厄姆和他的价值投资理念。格雷厄姆不但是股神巴菲特的老师，还是他一生的挚友。价值投资是贯穿他们两人整个投资生涯的理论基础。20 世纪 40 年代提出的价值投资思维历久弥新，至今依然活跃在全球的金融市场中。

其基本理念是股票的价值和价格之间存在安全边际，更大的安全边际是我们应该追寻的。同时，价值投资是需要仔细分析公司财务和行业情况等数据后做出的科学决策行为，是寻求企业价值回归的过程，也是不断寻求以较低风险追求较高长期收益的过程。

时至今日，随着巴菲特等人对价值投资理念的不断诠释，以及科技和企业、产业的不断进步，价值投资的具体方法已经今非昔比。比如在格雷厄姆那个年代，由于还没有电脑技术，他靠个人计算、信息收集和分析，可以发现别人看不到的具备投资价值的企业。但如今，信息技术发达，市场上似乎很难再有实际价值严重高于股票价格的投资标的。

然而价值投资的内涵依然具有足够强的生命力，依然是巴菲特和芒格等一大批成功投资者的底层基本逻辑。

第三节 不仅靠自己，还得看宏观

如果一个人能学习前文提到的《当幸福来敲门》中加德纳的勤奋，像他一样聪明，并且能避免个人的懒惰、消费陷阱和个人选择错误，那么在最好的情况下，财富应该会逐步增加吧？然而事实并非如此简单。

即便完全复制加德纳的所有作为，坚守比他更高的道德节操，但还有一些因素是普通人无法控制的，且会起到决定性的作用。**宏观经济和时代背景就是个人能力圈和意识圈以外的非可控因素**。

假设询问一个曾在 1998 年亚洲金融危机之前刚投资了首尔或吉隆坡的商铺或楼盘的人，那十有八九这个人会把宏观经济的问题放在任何投资前首要考量的位置。因为当年亚洲金融危机来袭时，韩国和马来西亚的经济都遭受了巨大的损失，无数好端端的物业在顷刻间价值灰飞烟灭，不少人通过勤奋、努力一辈子所积累的财富在一夕之间化为乌有。

说到底，人生际遇一定是和身处的时代背景和宏观经济密切相关的，单纯的个人努力和主观选择无法完全决定我们的个人财富。在本书中，我把所有涉及时代背景和宏观经济的概念和知识统称为宏观问题。

宏观问题的重要性是不言而喻的，很多投资机构甚至将对宏观问题的研究作为主要盈利手段。按管理资产总计，常年保持世界第一大对冲基金的**桥水基金**

（Bridgewater）就是其中一个典型。

据欧洲投资机构 LCH Investments 统计，从成立至 2022 年年底，桥水为投资者带来的总净回报达到了 584 亿美元。这个成绩排在全世界所有对冲基金的第二名，超过了肖氏基金（D.E. Shaw）、千禧基金（Millennium）等老牌巨头，仅次于肯・格里芬（Ken Griffin）麾下的城堡投资（Citadel）。

桥水之所以名声显赫，不仅在于其管理资产数额长时间保持对冲基金第一，还在于其从 1975 年成立至今不断地推出极具创新力的投资策略，其中很多投资策略都被收录到投资学教科书中，成为今天许多金融学子必学的内容。

其中最能体现桥水投资理念的策略就是“全天候策略”。该策略简而言之就是长期持有资产，并通过合理配置资产对冲宏观经济的影响，从而获得稳定的长期收益。其投资的标的物包含了股票、债券、大宗物资以及各类衍生品。**该策略最主要的底层逻辑在于对世界各地宏观经济的理解，因为各种资产组合在不同国家、不同经济环境中的表现可以抵消经济环境风险，从而在互相对冲中取得风险溢价**。

另外，桥水的“全球宏观”策略也是非常著名的以研究宏观经济为主要收益来源的一种综合研究体系。该策略通过大量的宏观经济数据（诸如通胀、汇率、GDP 等），特别是对各国历史周期的研究和国际关系预测，来进行债券、股票以及其他衍生品的投资布局。

瑞・达利欧和他的宏观问题研究

桥水的创始人瑞・达利欧是上述这些基于宏观问题的策略的发明人和“布道者”，而且由于他非常喜欢通过写书、接受采访来表达对时事的看法，所以他的理念在全世界传播广泛，而他自己也被称为“对冲基金之王”。

他毫不讳言自己对研究和探讨宏观问题的喜好。在他的著作《原则：应对变化中的世界秩序》一书中，他认为，我们可以从历史上几大老牌帝国（英国、荷兰、美国）的经济周期表现预测出目前经济体的历史周期走势。值得我们注意的是，这个宏大的历史周期不是什么一年、几年的跨度，而是要以数十年甚至数百年的跨度去审视。

他列举了这些西方老牌强国的历史周期走势，正如其官网的图表所示，在240年的周期内，在教育、创新科技、贸易等八个维度，这些国家都经历了一个从衰弱到崛起、再到顶峰、最后下降衰弱的循环过程，且这些维度走势之间有一定的前后顺序。

瑞·达利欧对文明的展示方式非常具有“统计性”。他认为，在过去500年里11个主要国家的相对财富和权力地位的变化趋势中，每一项财富和权力指标都是由8个不同的决定因素组成的（见图2-2）。几乎所有这些国家都经历了由兴盛转向衰落的周期，而这8个因素的起伏变化无不与每个文明的初生、辉煌、落寞相关联。

总结人类历史的所有宏观问题，一句话可能最能总结他的中心观点：“繁荣与萧条、和平与战争的历史阶段，就像潮水那般来了又走。”

这些宏观问题绝不是三言两语就能概括的，而这些对我们个人的财富增长却有着举足轻重的影响。我们以亚洲和欧洲在19世纪所发生的财富转移为例：从1800年左右开始，亚洲的财富和综合实力逐步转移到了欧洲，这也是世界历史上最大一次的财富和权力转移。

所以我们很容易推断出，在当时的时空背景下，一个生活在英国的“钱小白”可能会比一个生活在清朝的“金多多”更容易获得更多的个人财富，这无关个人努力程度和理财知识储备深浅，仅仅是时代和宏观的风口在起决定性作用：英国已经工业化，而清朝还在农耕经济中匍匐不前。

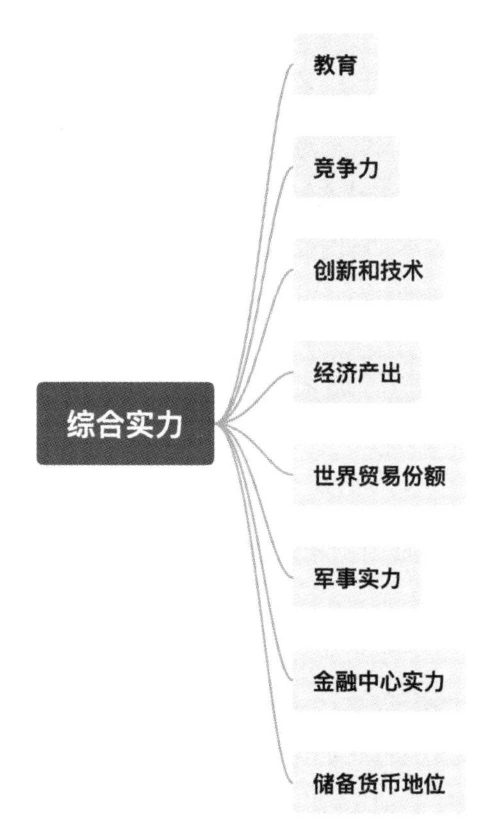

图 2-2　影响国家发展的 8 个决定因素

在达利欧先生看来，如果一个人没有看到历史演进下的世界秩序大势，就看不见历史周期循环。人们之所以“通常会错过生活中的重大历史演变时刻，是因为他们只经历了正在发生的微小的事情”。当大多数投资者“像蚂蚁一样”对世界采取片面、孤立的看法时，瑞·达利欧坚信他的研究方法是“与众不同”的。

达利欧对于宏观问题的研究融合了他几十年来的投资策略。比如在 2010 年的欧债危机中，达利欧和他在桥水的团队曾经预测出欧债危机即将爆发，而为了验证这种假设是否正确，以及提醒欧洲当前的严峻形势，他凭借个人超高的知名度和背后亿万资产的实力游历了很多欧洲国家，并与欧元区很多国家的财政部部长或央行行长等重要官员进行了面对面的交流。

和宏观经济的真正决策者交流，为他们提供宏观问题的独特见解，并且从他们的口中获得最关键的宏观问题的资讯一直是达利欧的一种有效策略。比如2012年，为了应对欧洲各债务国的危机以及欧洲通胀不均等问题，在争论是否需要欧洲央行实行量化宽松的当口，达利欧拜访了欧洲央行，并和时任欧洲央行行长马里奥·德拉吉（Mario Draghi）进行了深入的交流。此后几年里，他不断会晤欧洲各主要经济体的政策制定者，努力劝说德国财政部部长等主要的量化宽松反对者，致力于推动欧元区央行印钞和购买债券（货币宽松政策）。

在2015年，欧洲央行最终宣布采取了达利欧所推荐的量化宽松政策。而历史证明，该举措帮助欧元区度过了当年的债务危机，提高了经济的活力。然而时至今日，我们很难查证，在这些涉及宏观问题的交谈、辩论和合作中，到底是达利欧更多地帮助了欧元区还是欧元区的决策更多地成就了桥水当年的投资收益？我们虽无法成为像达利欧这样的宏观问题专家，但有一点是肯定的：**宏观问题事关个人财富管理的成败，我们怎可完全无知？**

掌握基本的宏观知识

在尝试解释宏观问题的更多细节之前，我们先来看一组数据。

据国家统计局的数据，2023年前三季度，上海和北京居民**人均可支配收入**超过6万元。浙江、天津、江苏居民人均可支配收入已迈过4万元门槛，紧随其后。人均可支配收入在3万元以上水平的还有广东、福建、山东。而2023年前三季度，全国居民人均可支配收入29 398元，上述8个省份、直辖市人均可支配收入跑赢了全国平均线。全国所有省份、直辖市中，处于2万元到3万元区间的有20个，占比超六成。剩余的，贵州在2023年前三季度居民人均可支配收入为19 814元，距离2万元仅一步之遥。

人们选择求职、生活、创业的地方，除了考虑GDP（**国内生产总值**）这个重要参数外，当地人的收入状况也是一个很重要的参考维度。

人均可支配收入就是非常基础的一个宏观问题。如果对这类数据没有清晰的认识，则比较容易出现“当初就不该来这里找工作或买房”这样后悔的心态。

国家统计局发布的数据显示，2022年，全国城镇非私营单位就业人员**年平均工资**为114 029元，比上年增加7192元，扣除价格因素，实际增长4.6%；城镇私营单位就业人员年平均工资为65 237元，比上年增加2353元，扣除价格因素，实际增长1.7%。

平均工资和人均可支配收入到底该如何区分呢？照理说，如果一个地方的人均可支配收入高、平均工资高，那么这个地方应该能提供更好的生活条件吧？但事实并不完全如此。一个地方的人均可支配收入高、平均工资高，往往代表该地的生活成本也高，所以对生活水平的判断一般不能仅仅用收入水平来进行衡量。

又比如，据国家统计局披露，2023年前三季度，**全国社会消费品零售总额**34.2万亿元，同比增长6.8%。三季度最终消费支出对经济增长的贡献率达94.8%，稳健拉动经济增长。

同时，国家统计局的数据显示，2023年前三季度，全国**居民人均消费支出**19 530元，比上年同期名义增长9.2%，扣除价格因素影响，实际增长8.8%。分城乡看，城镇居民人均消费支出24 315元，增长8.6%，扣除价格因素，实际增长8.1%；农村居民人均消费支出12 998元，增长9.3%，扣除价格因素，实际增长9.0%。居民人均消费支出涉及消费对于经济平稳运行和复苏的支撑作用，是与居民收入高度相关的重要指标。

以上提及的这些统计数据中，居民人均可支配收入、平均工资、国内生产总值、全国社会消费品零售总额、居民人均消费支出等都是基本的宏观经济术语，对人们管理个人财富、规划个人工作或消费都有非常重要的作用。

然而，很多人可能对这些名词并不熟悉，对很多概念和宏观经济问题都一知半解、模棱两可。若长期这样，其实就和钱小白的情况相似了，虽然说不是所有人都天生对财经和宏观问题那么感兴趣，但连基本的问题都无法理解，那肯定是不行的。

为了帮助像钱小白这样平时对经济和财经知识没有很多积累的读者快速了解那些宏观问题，本书精选出部分最能关系到个人财富管理的关键术语（见表2-2），按个人发展和金融两大类进行了简洁易懂且系统的解释。

表 2-2　个人财富管理相关术语表

类别	宏观术语	释义
个人发展类（就职地点、生活地区的情况）	GDP（国内生产总值）	某地的 GDP 增长越多代表该地区经济总体形势越好。GDP 是衡量一个地方（国家或者地区）经济综合发展水平的最重要指标，没有之一。GDP 分名义和实际两种，前者没有考虑通货膨胀或购买力变化的影响；后者根据通货膨胀进行了调整
	人均可支配收入	大致上指个人扣除一系列税收后的所有收入，包括工资等一系列收入。（注意和平均工资的区别）
	社会消费品零售总额	是指出售给个人的非生产、非经营用的实物商品金额，以及提供餐饮服务所取得的收入金额，尤其是零售市场的消费需求晴雨表
	失业率	关系到经济发展所引起的劳动市场供需关系，是个人评估收入能否稳定的重要指标
	居民消费价格指数（CPI）	反映居民家庭一般所购买的消费商品和服务价格水平变动情况，也就是通俗所谓的物价水平（本书第三章第一节着重分析）

（续表）

类别	宏观术语	释义
金融类（和个人财富管理相关的宏观概念）	M1（狭义货币）、M2（广义货币供应量）	两者都是衡量货币供应量的参数。我们大致可以说，M1是流动现金＋活期存款；M2=M1+其他种类的存款。两者的增速不同，可以看出企业和居民的投资信心不同：如果M1同比增速超过M2同比增速，意味着大家对经济有信心，市场扩张，如果M1同比增速掉头向下，跌破M2时，意味着大家对经济缺乏信心
	社融、信贷	社融指的是社会融资规模，反映企业和个人的融资需求，包含了银行贷款和股市融资等所有融资行为；信贷则是其中和银行贷款有关的数据，一般可以分为居民/企业、短期/中长期。这组数据上扬，一般表示经济发展势头较好
	央行利率	央行通过各种手段调节银行等金融机构的存贷款利率水平。也就是说，我们平时存银行的利率或者向银行贷款的利息都可以最终追溯到央行的利率政策（也称货币政策）
	降息、加息	央行调整利率的两个方向。加息意味着央行试图使银行贷款利率上升，从而抑制经济过热、控制通胀、防范金融风险；降息则为了促进经济增长、刺激投资和消费需求、降低借贷成本
	外汇汇率	指的是两种货币之间兑换的比率。在涉及跨境投资时候（比如QDII基金），我们需要时刻警惕汇率变化所带来的投资收益变化

其中个人发展类的必备宏观知识以个人生活和工作所在地的经济发展情况为重点，通过这些知识，可更多理解一地综合经济发展水平以及个人收入、支出的情况。对于读者选择合适的工作和生活的地方，判断经济大势有非常重要的借鉴意义。

而金融类的必备宏观知识则应该与本书后续章节合起来看。读者需要了解一些基本的、会影响我们理财收益的宏观参数，至少追求一个大致的理解：**金融方面的宏观数据一定会影响人们的财富管理结果**。

—— 扩展阅读 ——

其实，如果要让钱小白理解透宏观问题，可能阅读10本相关书籍都未必能理解清楚。本节中我所选出的这些宏观参数是与我们个人财富管理最密切相关的。然而，类似货币收益率、债券收益率和涉及股票的众多参数等也很重要，由于要为本书后续章节重点提及的投资方式打下基础，所以本节最关注的还是最关键的金融议题。

第四节　我不是股神！我不是股神

首先，我坚信任何投资者每天起床都应该对着镜子默默提醒自己一句：“**我不是股神**”。因为投资和理财是这个世界很困难的事，做得不好可能就会倾家荡产。我们要时刻提醒自己这一点。

几乎每一天，人们总能在一些文章或者新闻报道中看到年轻人、老股民、基金投资者亏了多少多少——或是因为投资的某一种标的在短时间内遇到极大损失，或是在大行情不好的前提下，投资伴随着市场向下滑行而不断损失。

很多投资者也会自嘲，觉得因为自己认知不够或者经验不足而导致亏钱。这么说来，这个群体并不鲜见，而是大量生活在我们身边，甚至也包括我们自己。谁能保证自己不会在投资上吃亏呢？只是幅度不同罢了。

有一点是确定的，没有人真的甘愿投资受损，让自己辛苦赚取的钱轻易付诸东流。由此，或许我们所有人每天睡觉前对着镜子刷牙时还得默默提醒自己一句：**“我不是股神！”**

重要的话要多多提醒自己。其实，“我不是股神”这句话是要告诉读者：第一，个人财富管理绝非像某些成功个例那样轻松，要秉持敬畏之心，不断求知，以全局性视角看问题；第二，个人财富管理的目标首先是要在金融市场的大风大浪中保住关键性的资产。要学习科学的方法，千万不要自以为是，赌上个人财富

去博弈自己能力圈外的收益。

不管是钱小白那样的理财小白，还是金多多那样具备一定金融素养的人士，这句话都非常重要。“不是股神”也是我在本书中构建“个人财富管理模型”的根本指导思路。

但在每个人具体的财富管理过程中，要清醒认识这点又谈何容易？

到目前为止，本书已经介绍了个人记账方法（T 型记账法）来帮助读者梳理日常收入和支出，也总结了应急基金和债务的问题，并和读者一起探讨了合理的消费观。此外，读者也已经在本书的第一章第三节中了解到部分基础的理财知识。

但这些概念和分析都还只是零散的分割性解读，管理个人财富的完整拼图还没有展现出来。到底每个月花出去多少钱才是合理的呢？该怎样分配收入和存款？要如何制订每个月的个人消费计划？

“我不是股神”这句口号提醒我们，个人财富管理的思考要从全局出发，事关个人收入和支出的规划、个人资金的总体分配方法以及个人财富的合理保值、增值方法。一旦没有全局性、系统性和科学性的认识，就可能面临个人财富的损失。

此刻正是我们开始真正系统性、统合性地分析“个人财富管理模型”的时候。如图 1-3 所示，这个模型最核心的设计是“前袋”和“后袋”。

当一个人赚到钱后，就需要进行分配：一般首先需要支付每个月必需的花销，也必须偿之前消费所产生的债务，之后还可能要为应急基金和大额支出做考虑，这还不包括为了远期生活需求而需要保值和增值的部分。**“前袋”和“后袋”就是串起这一系列步骤的两个关键概念，是个人资产分配的核心方法**。在我们了解了这两个概念后，就可以明白如何规划个人花销，如何分配资金到每个步骤中，从而为个人财富的后续管理打下坚实的基础。

巴菲特和美国银行带来的启示

多年前，当我第一次到美国的一家银行开设账户时，发现一个有意思的现象：美国的银行会自动为用户同时开设两个账户：一个叫作支票账户（checking account），另一个叫作储蓄账户（savings account）。

这和我们中国的银行账户服务明显不同，因为这两个账号的数字编码是不同的，但又同属于我个人名下，两者之间的转账是实时的，而且没有任何手续费。

其实这两个账户的逻辑非常简单，支票账户的主要用处是为用户提供现金支付便利，以满足日常消费的需要；而储蓄账户则可以让用户为长期目标预留资金，但不能直接用于支付平时的消费。储蓄账户通常会有一定的利息收入，而支票账户很多时候不支付任何利息，就算支付利息，利率也往往很低。

这两类账户都允许直接存入用户的工资或者其他固定收入，美国的银行都会对这两种账户提供同样的手机银行和网上银行服务，且两者都获得美国联邦存款保险的保护，让用户在银行发生挤兑危机时可以获得一定数额的赔付。

所以当我在美国的一家超市购物结账时，我只能使用支票账户中的钱，如果里面的钱不够了，我得先用手机银行操作一下，将储蓄账户中的余额转存入支票账户中，随后才能完成消费。去路边的自动取款机取现也是一样的道理。

具体来说，支票账户被设计出来就是为了方便用户使用资金，并提供灵活的支付方式。在美国，人们一般使用支票和借记卡刷卡支付，或是通过智能手机上的支付软件付款。这些钱都只能从用户的支票账户中支付。

储蓄账户则是被设计用来接受银行理财服务的，主要是通过赚取利息的方式，因此通常被用户用来留存那些为未来需求而储蓄的资金。比如，许多美国孩子会把自己打零工赚来的钱存入储蓄账户，因为平时消费都是父母给的零花钱。很多美国青少年都从储蓄账户的使用中学习到了人生理财的第一课。美国成年人通常利用储蓄账户建立应急基金，或储存短期内的大额支出（如购买汽车、旅游度假），以及远期支出（如结婚、购房费用）的资金。

由于动用储蓄账户中的钱并不像支票账户的那样容易，每个月还有固定的免费存取资金次数限制，所以这意味着使用该账户的用户有机会避免一时冲动而花钱。因此也使得储蓄账户有了帮助人们践行合理消费的功能。

当然还需明确，储蓄账户并不是唯一能够实现上述功能的理财账户。美国人还将钱大量投入股市或基金中，以获得超过储蓄账户利率的投资收益。由于储蓄账户毫无风险，其收益率是相对较低的。此外，美国的银行一般会对储蓄账户中的余额提出最低要求，否则会收取额外的账户管理费。

读到这里，我们似乎可以将储蓄账户理解成一种流动性比较高的定期存款形式，而支票账户则非常类似于我国银行提供的活期存款服务。

美国银行业的这种设计和账户思路启发了我对个人财富管理的思考。我们也可以按照这个思路，将个人每个月的收入分为两个部分，**第一部分负责我们每个月的消费支出和归还信用卡欠款，尤其注重流动性，可以随支随取，还可帮助人们构建应急基金和应付大额支出。第二部分则更加关注收益，是为了将来的生活保障而积累的远期性资产。我将两者设计到“个人财富管理模型”中，并将前者命名为“前袋”，后者命名为“后袋”**。

如果说美国银行账户服务体验带给我一个初步的关于“前袋”和“后袋”的设想，那么，股神巴菲特的一个投资习惯所带来的灵感和启发则进一步让我对这种设想充满信心。

2023 年 11 月中旬，巴菲特旗下伯克希尔的资产明细被美国证券交易委员会公布。伯克希尔旗下的资产分为三类：（1）股票；（2）现金；（3）美国短期国债。据界面新闻报道，伯克希尔持有股票的总市值达到约3132亿美元，[①]包括苹果公司、美国银行、美国运通和可口可乐等公司的股票。另外，伯克希尔披露的2023年第三季度财报显示，截至2023年第三季度末，其持有的现金总额达1572.4亿美元（约合人民币11 480亿元），创出历史新高。同时，它将1264亿美元的资金投入美国短期国债中。[②]

由于美国短期国债的风险极低，流动性非常好（期限一般在4周到1年），我们可以将其和现金合并起来看待。这样一来，伯克希尔旗下的资产也就可以被认为有两个部分——股票和现金。在2023年三季度末这个时间点上，两者的总额相差不大。

除了前文提到的长期持有股票的理念，巴菲特还一贯喜欢持有现金（短债），历史上伯克希尔似乎总是这样二元分配资产。这其实体现了巴菲特一贯的精妙资产布局：**一方面，秉持着长期主义思想，大量持有股票，源源不断地给予长期的资产和收益保障；另一方面，时刻手握流动性非常好的现金，能伺机而动——这不正是又一个“前袋”和“后袋”的例子吗？**

对于投资机构来说，积蓄巨额现金非常必要，主要的目的就是为了在合适的时机投资某些股票。历史证明，巴菲特具备非凡的耐心和长远的眼光，总是非常谨慎地选择股票，而一旦他看准了时机，也绝不含糊，往往会投入大量资金购入。

我们可以发现，伯克希尔旗下的股票资产正如个人财富管理模型中的“后袋”，使得公司能够不断获取巨额的收益，实现资产的长期目标。而伯克希尔旗下的现金和短债则更像“前袋”，能够让巴菲特迅速调拨资金以购入大量股票

① 引自《伯克希尔·哈撒韦第三季度清仓通用汽车、强生等7只个股》，界面新闻，2023。
② 引自《巴菲特“栽了”，公司今年首次季度亏损！三季度“炒股”损失近1800亿元，净亏损近千亿元，原因披露》，每日经济新闻，2023。

（这里我们可以将购入股票的行为看作是一种支出）。

为了更加直观地理解，我将个人财富管理模型中“前袋”和“后袋”的功能和特点列出，如表 2-3 所示。

表 2-3　个人财富管理模型中的“前袋”与“后袋”

	前袋	后袋
功能	负责我们每个月的消费支出和归还信用卡欠款，并帮助我们构建应急基金和应付大额支出	为了我们将来的生活保障而积累的远期性资产
特点	高度注重流动性，可以随支随取	更加关注收益性，需要保值和增值
路径	在前，是每个月收入最先汇入的地方	在后，是扣除前袋中所需资金后剩余部分汇入的地方

“前袋”和“后袋”是个人财富管理模型中必不可少的核心概念。简而言之，就是大致上将自己每月收获的资金分为两个大类，分别放入两只袋子中：**“前袋”里的钱是满足合理日常消费需要和为应急或大额支出准备的那部分钱；后袋里的钱则是满足远期生活必需的长期资产。如果我们将收入看作流水，钱必定是先流入前袋中消耗，再流入后袋中积蓄，两个“袋子”不应混为一谈，每个袋子中，使用金钱的各种名目和用途也应该界限分明，不应模糊不清。**

说白了，这种想法其实就是通过科学的方式，将自己的收入按照一定比例分成“现在要使用的”和“将来要使用的”两个部分，以实现管理个人财富的目标。

第五节 “前袋”和“后袋”要怎么分配

有关“前袋”和“后袋”的概念已经清晰，现在最大的问题便是：“前袋”和“后袋”到底应该如何分配呢？

在解释分配逻辑之前，让我们先来看一个简单的焦点小组调查的结果。焦点小组调查是由研究者与受调查者就某些问题一起座谈，展开圆桌集体讨论，以获得深度研究资料的收集方法。

这个焦点小组的调查对象由 10 个人组成，男女各 5 人，年龄在 25 ~ 35 岁之间，工作领域在金融、互联网、媒体、会展和销售。

我的调查设计得非常简单，开宗明义，第一个问题：你平常是否提前计划好每月的开销和留存？对于回答“否”的人，我会提出下一个问题：为何不做计划？并给出四个相关提示供调查对象讨论：（1）认为不重要；（2）缺乏知识储备；（3）每月支出过多，无暇顾及；（4）其他。

对于回答“是”的人，我又会提出下一个问题：你觉得怎样分配比较好？同样我给出五个相关标准供讨论：（1）20% 及以下的收入用于消费，80% 及以上的钱用于储蓄；（2）20% ~ 30% 的收入用于消费，70% ~ 80% 的钱用于储蓄；（3）30% ~ 50% 的收入用于消费，50% ~ 70% 的钱用于储蓄；（4）50% ~ 80% 的收入用于消费，20% ~ 50% 的钱用于储蓄；（5）80% 及以上的钱用于消费，20% 及以下的钱用于储蓄。

对于选择（1）-（5）任何一个选项的人，我都会追问他们如此选择的原因。图 2-3 展示了这个调查的思维过程。

图 2-3　日常财务计划调查思路

注意，调查对象都是年轻人，又都生活在上海，到手月工资大约在 10 000 元 ~ 25 000 元之间。为了简化流程，我要求每个人每个问题都只能选择一个选项，并在解释时挑出最具代表性的论点，而不是记录每个人所有的回复。

最后的结果如表 2-4 所示：参与调查的 10 人中，5 人表示没有详细计划，另外 5 人表示会提前计划好每月的消费和储蓄。他们具有代表性的回答被综合整理，见表 2-4。

表 2-4　个人财富计划调查结果表

无计划的人（平均年龄 28.5 岁）	典型回答
—	我的月工资还不高，就是一个月光族，没有什么必要去计划储蓄，等到以后工资涨上去再说吧
—	提前计划好比例没什么用，以前试过，但很多时候我自己都无法遵守，所以后面就懒得制订了
—	不知道如何制订好比例，平时注意节省，不该花钱的地方不花，自然剩下的钱就会存起来，积少成多
—	就算留存下来的钱也可能老是放在银行账户上，后面有什么大额消费冲动就花出去了，规划和不规划都一样
—	才刚工作没多久，希望先用薪资获得一些学生时代无法独立购买的商品和服务，比如出国旅游或者买台单反相机等。等以后有成家的想法了，再开始存钱不迟

（续表）

有计划的人（平均年龄 33.5 岁）	典型回答
20% 及以下的收入用于消费，80% 及以上的收入用于储蓄（0 人选择）	—
20% ~ 30% 的收入用于消费，70% ~ 80% 的收入用于储蓄（2 人选择）	个人喜欢钻研投资，喜欢研究股票、基金或其他投资标的，对个人投资理财很有信心，希望将较多的钱拿出来增值；个人有明确的、长远的消费目标，正在努力攒钱的过程中。对理财知识有一些认识，知道基本的银行理财等产品的风险和收益关系
30% ~ 50% 的收入用于消费，50% ~ 70% 的收入用于储蓄（1 人选择）	通过阅读理财书籍，从书中学习到这个分配比例，储蓄和理财越多，将来的财富增值潜力也会越大
50% ~ 80% 的收入用于消费，20% ~ 50% 的收入用于储蓄（1 人选择）	虽然没有做过任何调研，但凭借直觉和父母经验知道不能把工资全部花完，会努力留存一部分收入作为储蓄，但花的还是比存的多
80% 及以上的钱用于消费，20% 及以下的收入用于储蓄（1 人选择）	家庭消费和还款压力比较大，虽然知道需要快点开始存钱理财，但碍于每月开支，只能拿出较少的一部分

分析调查结果我们可以发现几个有趣的现象：（1）随着年龄的增长，调查对象对提前计划好日常消费和储蓄更加认同；（2）那些选择“否”的人，日常生活中大多消费占比较高，注重短期的享受多于从长计议的远期规划；（3）那些选择“是”的人，或多或少都了解一些理财或者投资的知识，很多都亲身参与理财活动。

当然，和所有定性调查一样，通过采访这 10 个年轻人所得出的结论也可能并不完全准确。比如，调查小组的数量太少，可能并不能反映出最具代表性的观点。同时，这 10 个调查对象都是上海的年轻白领，背景比较趋同，无法体现更加多元背景下的观点。

但不管怎样，假设以上这个小组调查的结论有一定的参考价值，我们可以发现，对“前袋”和“后袋”的分配方法设计不能纸上谈兵，随机草草制定，而需要更加科学的方法。比如很多人不愿意分配“前袋”和“后袋”并不是因为不理解它们对于个人财富保值、增值的重要性，而是因为没有更好的工具来帮助他们记账，他们也不知道一个人每个月花销多少才是合理的。解答这些问题的关键在于充分理解前文中有关“前袋”和“后袋”定义的表格（见表 2-3），以及将个人 T 型记账法融合进日常的财务规划中。

其实，分配“前袋”和“后袋”的首要指导思想就是利用科学的定量分析法帮助每个人制定个性化的“前袋”和“后袋”分配机制。

第一要明确，按照个人财富管理模型，每个人每个月赚到的工资不能全部用完，也不能全部储蓄起来，而是需要按比例分成两部分。第一部分的钱是我们的日常开销（包含购车、装潢的大额支出）、偿还信用卡欠款等定期债务和补充应急基金的钱，我称之为“前袋”；第二部分的钱是人们为了日后抚养子女、赡养父母、个人养老等远期必须支出所存下的钱，也能在应急资金和大额支出不足时及时提供补充，我称之为“后袋”。

“前袋”的钱是人们拿到收入以后首先要应付和支出的钱，而“后袋”的钱是“前袋”用完后剩下的钱，更多地用于长期储蓄，以防不时之需和应对未来必需的支出。**所以在考虑两者的分配比例时，首先必须规划“前袋”中的支出——每个月到底应该花多少钱、存多少钱？**

这也提醒读者，每个个体的开销、生活习惯和身份背景都是不同的，我们不能武断地说一个比例，比如四六开——每个月 40% 分配给“前袋”，60% 分配给“后袋”，来把所有人的情况都规定死。处于人生的不同阶段，需要用钱的地方也不同。比如一位每个月都要归还按揭贷款并支付孩子教育费用的父亲，和一个刚毕业三年、单身的公司白领的情况，如何能一视同仁呢？

对于每个人来讲，“前袋”和“后袋”的比例可以从个人历史支出和个人预

期支出两个维度来计算，前者建立在个人历史数据之上，作为主要依据；后者则更多来自外部资料，作为补充。

现代概率论很大程度上是建立在大数定律这个假设上的。简而言之，随着样本量的增加，样本的结果（往往是平均数）将越来越接近总体的平均数值。这是统计中依据样本平均数估计总体情况的理论基础。换句话说，在随机的大量重复过程中，往往呈现出规律性和符合预测的趋势。

按照这个思路，个人历史支出的金额，就类似于个人的历史数据样本，随着年限的增加，其平均数就可能是我们在中短期未来需要支出的数额。举例说，如果以某个人在 22 岁到 30 岁这 8 年中每年都需要外出吃饭的次数和每次用餐的金额来计算年平均数值，则 8 年的样本量足可以让这些平均数成为这个人 30 岁之后 5 ～ 10 年中每一年外出用餐费用的预测数值。

再具体点说，某个人生活在一个二线城市，目前 35 岁，那么他未来 3 年个人年化支出就可以这样计算：拿出他 30 岁到 35 岁的个人信用卡账单和银行支出明细（或者更好的选项：每年的个人 T 型记账），计算出过去 5 年里他每年所要消费的具体项目和具体金额。按照刚才的思路，这些支出的平均数就是他未来至少 3 年的潜在支出金额了。

为了解决查询各类历史账单所带来的麻烦，根据本书前文所述，在日常生活中，读者应该习惯使用 T 型记账来归拢所有的支出明细和还款明细，这样可以帮助人们节省很多精力，也便于定期复盘，让自己的支出更有规律性和合理性。

注意，个人历史支出并不能代表今后漫长岁月中的完全真实支出。因为有以下两个因素会影响着我们每年的总支出。

1. **每经过几年，物价和个人生活水平都会出现较大的变化**。比如因为升职，收入大幅度增长，或者因为买了一辆新车，每个月需要额外归还一笔贷款。由此，人们在计算平均数确定个人历史支出的时候必须以最近几年的支出数字为主，而不再用比较久远的数字。而且每过一段时间（比如3年），要根据之前几年的最新数据重新计算。

2. **个人历史支出是从个人过往消费记录中寻找具备统计显著性的数据来源，是面向过去的回顾性统计**。虽然这样的计算几乎已经可以正确反映短期未来的消费支出了，但读者还需理解，更远期未来的支出其实并不能被完全衡量出来。比如，对于一个30岁的单身白领来说，可能未来3年的支出是可以通过自己过去3年的平均支出统计出来的，但到了35岁后很可能就会面对结婚的开销以及养育子女的开销。这两件事是这位单身白领没经历过的，就不可能通过历史支出数据计算出来。**这个时候，人们就需要用个人预期支出来辅助了**。

所谓**个人预期支出**，简单理解就是可以把那些年龄相近、生活城市相似、工作情况相仿的群体的消费支出情况作为依据来计算个人的潜在消费支出需求。个人预期支出的作用是用来补充个人历史支出数据无法得出的部分，让人可以更加精确地区分“前袋”和“后袋”的比例。

举例来说，一个人如果计划在明年结婚，那么明年的“前袋”就必须加上婚庆、首饰、家装等一系列支出。这部分钱就必须参照和他在相同城市背景相似的人最近的支出情况来计算了。可以问一问去年刚结完婚的朋友的费用情况，也可以问询婚庆公司报价和查阅相关用品的真实价格，然后对“前袋”金额做出相应调整。一旦这个金额非常大，是大额支出，则还需考虑用原有“后袋”中的钱进行回补，或者向父母等借贷。同理，个人预期支出还应该帮助我们应对第一次生娃、养娃，第一次装潢等支出的调整。**对于“前袋”和“后袋”的分配要做好提前规划，不打无准备之仗**。

到这里，以个人预期支出和个人历史支出作为两个衡量标准，再加上应急基金的部分，就能大致计算出“前袋”需要存放的资金，这部分资金是人们日常使用的钱，需要放入活期账户或者支取非常迅速和便捷的货币型理财产品（相关介绍见第一章第三节）中。还需注意，正如第二章第一节告诉我们的，应急基金的额度一般可以是个人 6 ~ 12 个月的基本生活必需支出，这是一个资金池——我们可以在“前袋”中分期存入，也可以利用奖金一次性存入，一旦填满就不需要变动了。

通过上述步骤计算出“前袋”的钱后，剩下部分就是“后袋”的钱。

现在假设一个 30 岁的年轻人通过上述的所有计算步骤得出每个月自己的“前袋”中应该存放 5000 元（假设其应急基金已经满了，并不计入在内），而且每个月的总收入为 12 000 元，年终奖为 12 000 元。此时他个人“后袋”中应存入的钱应该就是每年：（12 000-5000）×12+12 000=96 000 元，必须严格按照这个分配比例进行个人财富的管理。

最后，要再强调一遍：“前袋”和“后袋”的比例是动态的。每过几年，个人预期支出和个人历史支出理应出现变化，特别是随着物价指数和生活开销的变化，“前袋”“后袋”比例也要做出相应的调整。**此外，“前袋”中的钱一定要放在类似活期账户或者可以随支随取的货币类理财中，流动性是“前袋”唯一需要被关注的，而不在于保值和增值**。

—— 扩展阅读 ——

各位读者读到这里是否会觉得有点复杂呢？一边是个人历史支出和个人预期支出的计算；另一边，“前袋”还得负担应急基金和大额支出，需归还债务，如果稍有考虑不周可能就会遗漏些什么。

但提醒各位，虽然大部分人没有学过会计，也不太会花费大量时间进行个人财务的规划，但学习和掌握个人财富管理模型中的系统性知识还是相当必要的，是我们用最少精力管理至关重要的个人财富的必要手段之一。

另外，所有涉及个人财富管理模型相关的计算都不应该以做高考数学题的方法来完成，这不是一项需要我们极度严谨地去完成的功课或者考试，而是在松弛的氛围下，去大致计算出自己的“前袋”“后袋”的比例。读者可以找一个周末的午后，闲来没事，泡一杯茶，拿出一支笔和一张纸，列一列自己最近几个月的开销，用手机搜索一下预期花费的可能费用，查看一下自己每个银行账户中还有多少存款，不用非常精准，只需要一个大致数字的“前袋”和“后袋”即可。

很多人可能会问，年终奖或者一年中一个较大额度的奖金该放入“前袋”还是“后袋”中呢？我的观点是，年终奖或者大额奖金应该首先被放入应急基金中，一旦应急基金满了，那么第二顺位是“后袋”。但如果有时候恰好想买一个大件，我们为什么不拿恰好获得的年终奖的一部分或全部去购买呢？这也不是什么大问题，当然前提必须是合理的消费。

正如很多有名望的投资家都会告诉人们，各类投资计量模型在不同假设或不同情境之下所得出的结论有可能是“垃圾数据进去，垃圾结果出来”，人们也不必把“前袋”和“后袋”的比例计算看作板上钉钉的唯一答案，这个月“前袋”计算少了几百、几千元钱，那下个月加进去就行，应急基金多加一个月工资进去也未尝不可。阅读和使用这本书时，希望各位读者松弛一点。

第三章

“后袋”怎么打理

第一节　不容忽视的物价指数

当我向钱小白和金多多分别介绍个人财富管理模型时，他们两个人的反馈截然不同。

钱小白没有很多个人财务管理的实践经验，这个模型确实能够帮助他初步掌握一些基础的理财计划，他尤其对 T 型记账这个方法感兴趣，也对将家庭的钱分为“前袋”和“后袋”两个部分表示赞同。另外，由于金多多原本就有做个人财务规划和日常支出记录的习惯，他对这个模型的理解非常通透，但他认为如果我可以讲解一些更细致的理财知识和专门工具，甚至创建一个具体的个人理财方法进行分享，可能就能对他人产生更大的价值。

当然，在和钱小白的交流过程中，我又发现了一些新的问题似乎还没有解决。其中最显著的一个问题是：钱小白即便充分使用个人财富管理模型，他在“后袋”中所积累下的财富依然面临缩水的风险，即便他把“后袋”里的钱全部放入通常被认为最安全的银行定期存款中，还是无法完全规避这个问题，更别提通过“后袋”钱生钱，将个人财富越滚越大了。

说白了，个人财富管理模型只能帮助我们养成良好的消费和财务规划习惯，但没有实际的工具属性能够帮助人们对财富进行保值和增值。

从本章开始，我将围绕保值、增值“后袋”这个问题，向各位读者介绍一些关键的投资知识和方法，从最基础的地方开启个人理财的探索。

首先，我们先来解答钱小白的一个疑问：“既然已把‘后袋’中的钱存入银行定期存款，那么我们的财富为何还有缩水的风险？”

物价指数是所有宏观问题中和我们个人财富管理关系很密切的参数之一。通过上一章，我们已经了解到如何分配“前袋”和“后袋”的比例，在继续深入理解“后袋”之前，还有必要将这个问题单独拿出来分析。

我们知道，“前袋”中的钱是需要高度流动性的，大致上可以看作在一个人的流水账基础上制订的财务计划。我们可以用个人 T 型记账法来控制支出，从而为我们在“后袋”中增加更多的储备。

现在，假设一个普通人和钱小白一样每个月有固定的工资收入，年薪总共为 20 万元。先略过“前袋”和“后袋”的配置比例过程，假定这个人会以“三七开”的方式分配年薪——其每年的开销总共为 6 万元，并可以把大约 14 万元的年收入放进“后袋”。

再假设这个人并没有像钱小白夫妇那样不懂任何理财知识，而是有计划地将“后袋”里的钱定期存入银行，每年都不间断购买一款稳健型的理财产品——投资期限为 1 年的稳健型理财产品，推出以来的年化收益率约为 4.2%。

为了简化，假设在 2022 年这一年中，他的“后袋”得到了近 4.2% 的收益率。这个收益率显然要比钱小白夫妇这么多年来几乎可以忽略不计的活期利息收益率要高得多。

然而，如果这个人生活在 2022 年的美国，他的“后袋”收成将会是另一番景象。我们先来看看 2022 年的美国到底发生了什么。

这一年，美国遭遇了近 40 年来最严重的通货膨胀。广受关注的通胀指标——消费者价格指数（CPI）在当年 6 月同比上涨 9.1%，此后一路保持在 7% 以上的高位，持续“高烧”的通胀令美国老百姓的生活成本连续蹿升。

造成美国通胀飙升的原因有两个：一是这几年激进的货币宽松政策，属于内因；二是由世界地缘局势造成的外因。

2020 年年初，由于美国经济出现下滑趋势，大量的企业资金紧张，而且很多美国人的生活也出现了潜在的财务危机。在此背景下，美国当局使出了最大限度的宽松货币政策和政府直接发钱救济等措施，导致美联储印出了天量的货币，让美国市场上的货币流动性大幅增强。

这当然能够缓解美国民众暂时的生活困难，让人们可以享受非常低息的贷款，并用政府直发的资金来维持生活，也让企业的资金情况得到大幅改善。

但这么大的刺激政策是有后遗症的。所导致的负面后果便是美国各类资产价格不断暴涨，2020 年下半年至 2021 年，美国的股市暴涨、债市暴涨、楼市暴涨，各类资产的暴涨最终引发了物价的暴涨。此外，剧烈的宽松政策也会引发大量新增就业机会，企业为吸引更多就业者而大幅增加工资，这两个因素也加剧了美国的通胀。

谁能想到，从 2022 年开始，世界局部地缘也不太平。特别是欧洲的局势出现了一个非常重大的突发事件。随之而来的是大宗商品供需平衡被打破，价格大幅提高，特别是能源价格增长迅猛。多重因素之下，美国通货膨胀终于再也控制不住了——物价指数开始放飞自我，连续创造数 10 年来的历史新高。

这对美国民众的生活产生了很大的影响，很多案例可以见诸媒体报道。比如，据上观新闻报道，2023 年初美国 1 打鸡蛋的平均售价同比上涨了 1.5 倍；美国农业农村部数据显示，2022 年玉米和大豆的平均价格分别上涨约 19%、13%；2022 年美国柴油和汽油平均价格分别比去年上涨近 52% 和 31%；家用电价也大幅度增长……

有些人可能要问，美国人的工资会不会也在同时大幅度增加？这其实也发生了，然而数据不会说谎，真实情况是，美国工资的增长远未达到物价增长的速率。

《第一财经》援引美国盖洛普公司2022年的一项调查问卷显示，55%的美国人认为物价上涨导致他们家庭面临经济困难，这一数据比前一年上涨明显。其中，那些本被认为可以对物价上涨显得较为免疫的高净值人群也出现苦不堪言的情况，他们中间有超过40%的人感受到物价上涨的压力，比前一年增长近15%。该问卷还显示，2022年有13%的美国人认为高物价导致家庭面临严重困难，这一比例达到历史最高水平。

对美国家庭来说，通胀带来的打击不仅是物价上涨，也会导致家庭债务飙升。美联储数据显示，2022年第三季度，美国家庭债务暴增3510亿美元，为2007年以来最大增幅。

可以想象，在上述例子中，这个人如果继续将30%年收入分配入“前袋”，且生活在类似2022年的美国这样通胀高企的背景下，则显然是无法面对物价指数暴增的。导致的结果很可能是需要从后袋中拿出一部分钱进入“前袋”，那么如果还是以原有收入的70%比例计算收益率的话，“后袋”中分出去的金额其实就可以看作一种“亏空”，因为例子中这个人的“后袋”比例就是每年存入70%的收入，且年化收益率达到4.2%。

这么说可能听上去有点复杂，简化一下，现在假设这个人“后袋”中有20万元，按照计划的收益率，今年他原本可以收到8400元的利息。然而，由于通胀高企，他的“前袋”不够用了，就从20万元中分拨出了2万元补贴“前袋”。那么其“后袋”中的资产在当年的真实收益率应为{[200 000–(20 000–8400)]÷200 000}–1=–5.8%，一年内“后袋”就亏空了11 600元。

2022年既然是美国40年历史上罕见的通胀大爆发之年，那么这是不是一个极端例子，而不是常态呢？

但历史数据并不完全支持以上的观点。如图3-1所示，从1960年到2022年，如果以各国央行普遍设置的合理通胀目标2%来代表正常值，美国20世纪60年代末到20世纪80年代初就经历了近15年的高通胀时期。当时的最高峰一点儿也不亚于2022年的情况。

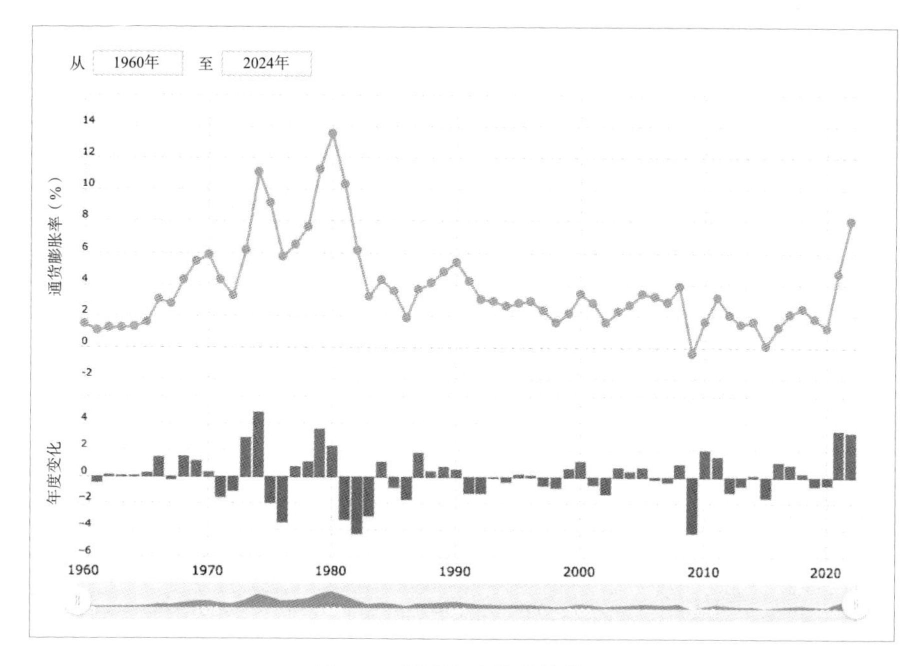

图3-1　美国历史物价指数图

来源：世界银行

上述这个例子提醒我们，**“后袋”中的钱会因为通货膨胀和物价高涨蚕食“前袋”而变得越来越少，并不总是可以保值和增值的**。这也和上文所提及的“前袋”“后袋”分配比例需要依据情况调整相符合。不管如何，物价指数都扮演着关键作用。

具体来说，在物价指数高涨的周期里，人们需要根据物价的涨幅来调整“前袋”和“后袋”的比例，而不至于被物价指数拖累生活质量。但由于需要从“后袋”中不停取出资金，则可能会面临“后袋枯竭”的危机。

其实从2022年到2023上半年，很多美国老百姓的生活都出现了此类危机。据海外网援引数据提供商Barchart发布的数据，自2020年4月起到2022年年底，由于通胀飙升，美国人的储蓄已经减少了5.5万亿美元，降至比2019年之前更低的水平。美国人消耗了大量的储蓄，来应对物价的上涨，而这些储蓄中很可能有很大比例原本是他们“后袋”中的钱。

如果像图3-1所示，美国曾面临从20世纪60年代末开始长达近20年的高通胀时期，个人资产中最受伤的并不是可以灵活调整的“前袋”，而是持续输血的“后袋”。**假设一个人因为物价指数高或者各类其他不合理消费支出，从“后袋”中不断取出资金，就可能无法有效应对未来各类必需的支出，辛苦建立的“个人财富管理模型”也毫无意义了。**

就算人们咬咬牙，坚持省钱节流，不惜降低生活标准，尽可能少地从“后袋”中输血到“前袋”，那“后袋”是否就高枕无忧了呢？并不如此。前文在解析宏观问题中的GDP时，还提及了和物价指数相关的另一个关键问题——名义和实际增长率。GDP的增长率分名义和实际两种，前者没有考虑通货膨胀或购买力变化的影响，后者根据通货膨胀进行了调整。

其实，“后袋”中的钱每年的收益率也分名义和实际两种。收益率的计算公式非常简单：$R_n=(P_n-P_o)/P_o$，其中R代表收益率；P_n代表一定期限后（时间为n）资金的总额；P_o代表初始资金的总额。这样计算的依据是将“后袋”中的资金作为一个整体来看待，不管里面有任何收益或者损失，都按照期末余额和期初余额的差与期初余额的比值来计算。

另外，这个公式中的R_n是**名义收益率**，因为这里还没有考量物价指数也就是通货膨胀率的影响，一般可以以CPI作为通货膨胀率的直接代表。则R_r（实际收益率）$=R_n-CPI$。

由这个公式可知，当 CPI 猛涨时，人们的实际收益率会相应地降低，通胀即便没有影响到“前袋”和“后袋”的比例，也会蚕食掉“后袋”中的实际收益率。

也就是说，如果“后袋”资金的名义收益率低于当期通胀率，实际上“后袋”中的资金是在亏损而不是表面上看起来的在增值。因为原来的 100 元可以购买更多商品，而当前的 100 元的购买力已经不如原来了。就好比 1993 年的 46 950 元或许可以在上海徐汇区花苑村购买一处物业，而 2023 年的 46 950 元钱则差不多连 1 平方米的上海物业都无法购买。

如果读者不注意对后袋中的资金进行保值和增值，再过几年，这些资金的真实购买力恐怕就会大打折扣，根本无法在未来帮助我们实现养老、购房等需求。那我们的个人财富管理岂不是白做了？

第二节 学会配置“后袋”

财富没有捷径，这一点不管是对钱小白、金多多还是对我们所有人来说，都一样。在前文里，读者已了解到“后袋”中的资金如果不去保值和增值，就很可能会因为物价上涨或者其他各种因素导致不断萎缩，购买力下降，起不到满足人们各种远期需求的作用。

既然个人财富管理模型中的“前袋”和“后袋”概念已经明确，分配机制也已经充分展示，现在一个关键问题便出现在读者的眼前：面对“后袋”的贬值或者损失风险，应该如何做？**什么都不做很可能是无法规避后袋损失的，所以接下来我们要解决的问题应该是：如何对“后袋”进行科学合理的保值和增值操作**。

从投资的内涵说起

说到资产保值和增值，很多人第一反应是要靠投资。没错，投资如果做得好，所带来的收益就可以帮助抵消物价上涨或者其他风险导致的减值损失。

人们对投资的理解往往不同。

从广泛的意义上讲，投资可以被看作一切花费时间或金钱来改善自己或他人生活的行为。而在金融领域，投资特指购买证券、债券、房地产和其他有价值的资产以追求回报的行为。通常来说，投资就是指购买资产的过程，这些资产可能会随着时间的推移不断增值，并以利息收益或资本收益的形式提供回报。

这里的利息收益比较好理解，而资本收益比较抽象，人们可以简化为，资本收益指的是购入资产和卖出资产之间的获利。以它们两者为主要形式的投资收益是任何投资活动的最终目标，也是帮助人们管理好个人财富的最主要的追逐目标。

不管是资本收益还是利息收益，或者任何利用投资而获得的利润，说到底都离不开所投资产的升值。以下是有关资产升值的三个典型例子：

1. 投资股票：当一家公司创造了一种热销的新产品，从而促进了销售，增加了公司收入并提高了股票的市场价值时，之前所购入的股票就会升值。

2. 投资黄金：因为美元贬值，推动了市场对黄金的需求，导致黄金等贵金属可能会升值。

3. 投资物业：好的地段、物业更新或者附近新开的好学校、新地铁等都可能帮助物业显著升值。

对于以获取利息收益为目标的投资来说，升值的意义往往不在于上述这种直白的“资产标的价格是否上涨”，而更多在于所投的资产能否持续稳定地带来定期现金流收益。这类投资往往需要长期持有，并不靠频繁买卖标的来获利。

例如，许多股票都会大量支付股息。这类股票的持有者被称为“股息投资者”，他们很少买卖股票，而是持有股票并从长期的股息收入中获利。许多人还会将股息收入再投资到股票中，从而享受复利带来的收益。

讲到资产，就不能不提资产类别。虽然不是要求理财小白像高级金融从业者那样掌握世界上大多数资产的明细或者特征，但是为了管理好个人的财富，让“后袋”不断地保值、增值，所有人都应该至少了解部分资产的基本情况。这些资产往往指的是核心资产。

那些大众普遍投资的资产类型一般可以被称为**核心资产**。纵观当今各主流投资学教材或者知名投资理论家的著作，最常见的核心资产主要分为以下几种：

（一）股票

公司上市发售股票是为了筹集资金，为业务运营注入活力。投资者从股票市场购买股票可以获得公司的部分所有权，并获得该公司的收益（或者亏损）。部分上市公司会定期从公司利润中支付小额股息给投资者。

由于投资者不能保证上市公司的效益，也无法预测股票市场的波动，甚至个别公司可能会倒闭，因此投资股票的风险是很大的。

（二）债券

债券让投资者成为债主。当公司或者国家需要筹集资金时，它们会通过发行债券向投资者借钱。

当人们投资债券时，实质上就是需在固定期限内向发行人贷出自己的资金。作为对这份贷款的回报，发行人将向投资人支付定期的票面利息以及本金。

债券投资也被称为固定收益投资，其风险通常低于股票。但并非所有债券投资都是“相对安全”的。有些债券是由信用评级较差的公司发行的，这意味着它们可能容易出现逾期归还的情况，甚至倒闭。

（三）大宗商品

大宗商品是指农产品、能源产品和金属，包括贵金属等原材料商品。这些商品资产通常是工业使用的原料或者所需的能源，其价格取决于市场供需关系。例如，如果洪水影响了小麦的供应，小麦的价格可能就会因粮食稀缺而上涨。

购买实物商品意味着需要持有一定数量的大宗商品。可以想象，大多数人并不想自己租个大仓库并雇佣管理人员。因此，很多投资者使用期货和期权合约交易大宗商品来保值或者套利。大宗商品可能是相对高风险的投资。期货和期权投资经常涉及用借来的钱进行杠杆交易，这增加了严重亏损的可能性。这也是为何在本书中，我并不推荐普通人去做这方面的投资尝试。

（四）不动产

人们也可以通过购买商铺、厂房或写字楼来投资不动产。不动产投资的风险程度各不相同，主要受经济周期、存量供应甚至某些地区城市化等多种因素的影响。不动产投资的周期一般很长，流动性很低，需要投资人有极大的耐心。

如果想投资某些种类的不动产，又不想直接拥有或管理那些物业，投资人也可考虑购买不动产投资信托基金（REITs）。当前在我国，这类基金主要是由公募基金管理人发行，所投的不动产标的以基础设施为主。

（五）公募基金和交易所交易基金（ETF）

基金按照募集方法的不同可以分成公募和私募两种，由于投资私募基金需要一定的资产门槛，它并不是大众都能接触到的领域，所以本书会把重点放到公募基金以及 ETF 上（本书后续章节会详细梳理 ETF 以及公募基金的解释和定义）。ETF、公募基金各自还能够分成很多不同的种类，但不管是何种公募基金或 ETF，都按照特定策略投资股票、债券、大宗商品等核心资产或另类资产（关于另类资产的定义后续也会有专门介绍）。

在考虑投资基金之前，普通人首先要明确两点：（1）投资基金都是需要收取费用的，人们是否有必要多花一笔钱让基金经理代为管理自己的资产呢？

（2）基金收益的好坏是需要一个基准来判断的。而且不同种类的基金，其基准也是不同的，绝不能混起来衡量，也不能对基金投资的收益率抱着不切实际的幻想。

相较于普通公募基金，ETF 的高度分散属性可能会让普通投资者享受相对低的风险所带来的风险调整后的收益。比如，一个大盘指数的 ETF 可能会包含成百上千的股票标的。ETF 也是一种典型的被动投资，相对于那些主动管理型的基金（拥有亲力亲为，积极主动管理的基金经理），其费用一般较低。

追求投资收益，关键在“配置”两个字

关于年轻人赚钱有多难，查理·芒格生前每次被问到时都会非常坦诚地说类似的话：“由于竞争更加激烈，相对过去，当代年轻人变富有的难度更大了。”他总是建议那些希望变得富有的年轻人摒弃一夜暴富的幻想，脚踏实地工作和进步，控制支出，通过储蓄进行理财。

读者首先要有一个觉悟：通过投资让个人财富保值绝对不是一项可以轻松完成的任务，更别提通过上述这些核心资产赚到大钱了。**身边无数炒股失败、投资不动产失利的例子提醒我们，即便是对以上五大核心资产都了如指掌，即便是投资学的专业人士，也可能无法确保“后袋”中的资产可以稳定保值或者增值。**

上文仅仅是用最简单的文字解析了上述这五大核心资产。虽然通常来说投资这五大核心资产是普通人能够维护“后袋”资产价值，保持个人财富长久平稳增长的好途径，但追根溯底，投资能否成为“后袋”增值保值的基础在于**投资收益**。

即便解释了关于投资的方方面面，普通人依然难以很好地理解和掌控投资。

从理论上讲，我们要获得好的投资收益，要在三个方面下功夫：（1）对核心

资产中的标的物进行合理的选择（比如选股）；（2）在好的时机进行买入或者卖出（择时）；（3）配置资产。

这三个方面都非常重要。我们还是以巴菲特和旗下伯克希尔的案例来理解这三个方面的内涵。

一方面，股神巴菲特先生非常精通于研究并找到出类拔萃的股票（往往是那些价格远远被低估，无法体现出其实际价值的股票），然后长期持有，不会因为一时的上涨或者下跌而卖出或者买入。他通过研究来选择股票的行为就是典型的“对核心资产中的标的物进行合理的选择”。

反过来说，巴菲特不太会通过对买卖时机的辨别来获取投资收益，也就是说他通常并不以“在好的时机进行买入或者卖出”股票进行投资获利。

另一方面，除了现金（以及等价物），巴菲特常年重仓的核心资产几乎都是股票或者以股票作为底层资产的衍生品，对他来说**“配置资产”**几乎就相当于要投入多少资金进入股市，留下多少现金。

据《期货日报》的报道，截至2023年年底，巴菲特旗下的伯克希尔·哈撒韦的现金储备升至创纪录的1676亿美元，较三季度的1570亿美元增加了106亿美元。而该公司在2023年年底的股票持仓总额近3500亿美元。所以我们也可以说，伯克希尔在2023年年末的资产比例大致上是32%的现金和68%的股票。

从上述例子中，我们或许会产生这样的想法：如果股神一直以来就是通过非常优秀的选股能力，在有好的股票出现时大量投入现金购入，而在没有好的股票时则不随便买卖，保持大量现金，那么我们在管理“后袋”的过程中，是否学习他的这种投资操作就行了呢？

答案还是那句话：我们不是股神。以统计概率来讲，如巴菲特这般在六七十年中持续获得良好收益的投资者屈指可数，我们不应该去“赌”极小的概率。

相较于难度极高的选股和择时，真正能让我们普通人获得较好投资收益的主

导因素其实在于配置资产。国外不少主流研究机构和学术论文曾经指出，在对大量普通投资者的可信统计和调查研究后发现，投资收益的变动绝大部分都是源于个人投资者的配置资产行为。而选股和择时只是起到非常小的作用。

大量的投资机构，包括全世界较大的大学慈善基金会，如**耶鲁大学捐赠基金**，都是资产配置的主要实践者。资产配置是投资者遇到风险和获得投资收益的主要相关因素。根据先锋领航的一项研究，如果投资者拥有经过配置后的多元化投资组合，那么他们在投资经历波动或取得收益约有 88% 与资产配置相关，而与选股或择时关系不大。

相对于投资的其他知识，我们首先需要掌握的是对资产配置的理解，以及经过科学训练和系统学习后，拥有相应的配置资产的能力。配置资产是做好"后袋"保值增值的关键问题。资产配置不但是我们有可能在短期内学会的一项技能（相对其他投资技能而言），也是我们可以用窍门达成的一项工作。

配置资产的核心在于将个人投资组合划分为不同资产类别。简单理解，假设"后袋"中有 10 万元，需要分别投多少比例进入上述五大核心资产中？或者普通人最好就不要去碰哪个核心资产了？把这 10 万元分配好了，其实就相当于创建了一个属于自己的多元化的**投资组合——旨在用风险较低的资产抵消风险较高的资产，从而获得更加平衡的风险调节后收益。配置资产的核心目标是建立在人们对投资收益的追求、个人的风险承受能力以及所期望的投资期限之上的。**

换句话说，资产配置相同的投资者，即使持有不同的投资标的，一般也会有比较一致的投资收益和风险。这主要是由同一类资产之间的相关性所决定，即它们通常会朝着同一方向移动。鉴于资产配置的重要性，投资者必须找到符合自己风险承受能力和投资期限的正确投资组合。

为了了解配置资产的重要性，我们要这么思考问题：**保持"后袋"增值，不就是说"后袋"的钱就是钱的"后代"吗？要让"后袋"中的钱生出钱，就必须**

通过资产配置来获得投资收益。也就是说，“后袋”需要配置！

至于要回答如何配置这个问题，其实有一个窍门：我们可以把个人管理“后袋”的钱看作机构投资者或基金中的基金（FOF）在管理它们的资金。这样就可以通过这些头部机构所披露的公开资料来检视我们的配置工作，甚至可以直接学习它们的资产配置方法去保值我们的“后袋”。

所谓**机构投资者**，简单理解是指代表他人（通常是其他公司和组织）进行投资的投资机构。机构投资者分配投资资金的方式取决于其所代表的公司或组织的目标。一些广为人知的机构投资者类型包括养老基金、银行、公募、对冲基金、捐赠基金和保险公司等。优秀的机构投资者需要拥有研究能力和投资判断力出众的员工，并且具备一整套抗风险的保护体系。其投资战略和投资方法通常能够为个人投资者带来灵感。

说到那些专注于资产配置的机构投资者，我们很可能首先想到的是那些替富豪管理资产的**家族办公室**。

家族办公室与传统的理财机构不同，它为超富裕个人或家庭提供定制化、综合性的投资建议和财富管理服务。其最核心的一项工作就是配置超级富豪的资产，并制定投资目标。为此，顶尖的家族办公室拥有一批专业的投资分析师和研究人员，并独立开展资产配置和投资方面的研究。对我们来说，他们的成功具备一定的参考价值，因为都是在帮助个人或者家族理财。

据瑞银《2024 年全球家族办公室报告》，在对全球七大地区逾 30 个市场上的 320 个单一家族办公室进行调查后发现，受访的家族办公室总财富净值超过 6000 亿美元（约 4.3 万亿元人民币），平均总财富净值为 26 亿美元（约 187 亿元人民币），而在此次调查中，亚太地区的受访者数量为所有地区中最高，占比 33%。

该报告预测，在之后几年，全球家族办公室会重新对优质的短期固收类资产青睐有加，对积极管理型对冲基金的兴趣也会有所恢复。在另类资产端，众多家族办公室对那些有限合伙人（LP）因需要强制流动性或者主动调整组合而退出的风险投资项目很有兴趣，想做私募股权投资（PE）二级市场的“接盘侠”。

对于普通个人投资者来说，家族办公室的工作虽然和我们配置“后袋”资产非常相近，但这些机构更多的是服务于个人净资产超过1亿美元的富豪，基于此，这些机构所披露的策略和资料非常少，也很难让普通人找到合适的资料。

此外，个人投资者还需要了解机构投资者的策略和交易方式并不能被完全复刻。在参照机构投资者进行个人财富管理时尤其需考虑差异性。概括地说，机构投资者与个人投资者有以下几大区别：

1. **投资金额不同**：个人投资者的可用投资金额往往大大低于机构投资者，这是两者的天然属性差异，就像老百姓的存款一般不可能多于银行的钱，所以在做投资决策时，资金量的不同会导致个人投资者无法完全复刻机构投资者的策略。
2. **装备有差距**：机构投资者无疑可以获得更好的投资速度和服务，因为机构有资金优势，可以花钱配置更好的联网设备和专用的账户，这不是个人能够比拟的。
3. **能力有差距**：机构投资者聘用有经验、有学识、有能力的员工一起来进行投资研究和科学决策，个人投资者往往靠自己来做最后的判断和决策，即便有朋友或者圈子协同，也不可能像机构投资者那样汇聚众多人才。机构投资者一般能放眼全世界的各类资产，而个人投资者的投资目光和能力圈可能仅限于本国市场中的核心资产以及部分的海外资产。
4. **风险承受能力不同**：这个很好理解，不用说个人和机构之间，就算个人和个人之间的风险承受能力也是不同的。个人对风险的承受能力和年龄、偏好以及财务收入等参数有关。而机构投资者有自己的一套量化标准来测算具体的风险和自己所能承受的合理风险范围。

5. **投资期限不同**：机构投资者需要服务于委托理财客户的投资期限需求。比如打理退休金保值和增值的机构或者那些人寿保险的投资机构会有非常长的投资期限，而某些对冲基金需要1年或2年就考核投资收益成绩。对个人来说，投资期限也关系到每个人不同的需求和大额支出计划。
6. **投资目标不同**：虽然很多机构投资者都像个人投资者那样以获取最大投资收益为目标，但在有些案例中，机构投资者需要充分考虑客户的投资目标。比如很多客户希望以控制风险，跑赢物价指数上涨为目标，并不需要很高的投资收益，还有些客户追求更长期的（或者更短期）的财富增长，对流动性没有（或者有）很高要求。所以对个人投资者来说，不能简单复制机构投资者的任何策略，而是要首先研究清楚这个策略是否服务于和自己相似的投资目标，然后才能去复刻。

综上所述，由于个人投资者并不完全具备机构投资者的实力和能力圈，所以个人照搬机构投资者的投资策略是不现实的。为此，需要提前思考好以下两个问题。

1. 个人投资者应该从资产配置入手去借鉴机构投资者。这是一种比较稳妥的方法，注意这里的借鉴并不是照搬，而是理解这些机构为何会如此配置资产，又如何具体执行配置策略，以此得到启示，来完成我们的“后袋”资产配置。
2. 个人投资者学习机构投资者的大前提是要充分理解机构投资者的投资目标、投资期限和风险承受能力，并在确认这些都贴近我们自身的前提下，才能继续学习和借鉴。

总之，我们走捷径的大前提是这个路径是畅通的、合理的，而不是盲目地去跟从。

一种捷径带来的启示

所谓**基金中的基金**（FOF），就类似于一个典型的机构投资者。和普通基金不同，FOF 通过持有其他基金而间接持有股票、债券等证券资产。这种基金的主要策略是通过对其他基金产品的专业研究进行筛选，构建投资其他基金的投资组合——通过投资其他的基金来配置资产。

从某种意义上说，当投资 FOF 时，就像是在雇用一个“基金总承包商”来完成对其他基金（以及基金经理）的研究、筛选和配置，而这个承包商其实也需要精通配置。FOF 在资本市场有一定的热门度，可以启发我们个人投资者去学习这类机构进行资产配置的策略和方法，因为在本质上，FOF 基金经理投资决策的重点就在配置客户的资产。

当前在全世界范围内，投资 FOF 已经成为不少机构打理自己资产的捷径。

对于那些手头拥有众多资金待保值，但又不想搭建自己的投资团队、靠自己的工作人员随时调整投资组合和做出具体投资决策的机构投资者来说，FOF 是理想的选择。FOF 既可以帮助他们保值、增值资产，又能省下不少成本。

FOF 本身是专业的基金，在帮助其他机构配置资产时，其研究和风险管理能力大概率要比非投资机构好一些。对于那些没有人力资源或没有意愿独自完成配置策略的机构来说，FOF 可能是最好的选择。比如一家医院如果旗下拥有一大笔受捐赠而来的资金，通常 FOF 会为这家医院提供一个分配合理、风险适当且分散的综合性配置策略。

FOF 也可以帮助很多机构接触到另类资产和其他很难接触到的小众资产，帮助其客户实现多元化。比如，一家投研能力并不出众的保险公司如果想在对冲基金或私募股权等另类投资领域试水，一般门槛会很高，难度会很大。而 FOF 的基金经理可以在高度细分且不为人所了解的另类投资类别中配置资产，帮助这家保险公司打理资产。

有优点也就必然会有缺点。首先，对于那些想通过 FOF 一劳永逸解决“后袋”配置的机构来说，FOF 的费用成本会更高，因为投资者要被收取两层基金费用（FOF 一层，其所选择投资的基金也需要收取另一层）。这意味着，在结算最后总收益时，机构投资者必须克服更高费用成本的阻力，才能实现“后袋”资产的保值和增值。

其次，和对冲基金和许多另类基金一样，FOF 一般缺乏投资决策和资产配置的透明度。道理很简单，很多 FOF 所投资的标的就是缺乏透明度的对冲基金和另类资产基金。这种不透明性意味着机构投资者可能不知道“后袋”中的风险到底有多大。此外，有些 FOF 因为投资过于分散，也会导致回报缩水，而对于外人来说根本无法了解其内情。

还有一部分的 FOF 类基金流动性较差，有漫长的封闭期，或者投资于流动性非常差的私募股权投资领域。如果机构投资者一股脑将“后袋”资产全部投入此类 FOF，可能会在需要支付大额支出以及应急款项时面临困难。

最后，很多机构还发现，即便 FOF 可以便捷地完成好资产配置，但是后续的难点会演化成如何挑选出业绩优秀的 FOF。这并不比直接选择任何资产简单多少。

不管如何，FOF 对我们普通人的启示还是在于资产配置。打理自己的资产和 FOF 基金经理打理机构客户的资金有许多相似之处，我们可以从这些 FOF 机构的公开资料中找到灵感。

机构投资管理的“教父”

按照资产配置这个重点思路，“后袋”中的钱要生出钱就需要持续的配置思维和方法。**我们可以遵循机构资产管理大师大卫·史文森曾经提出过的“利用机构配置资产的方法来实现个人理财”的思路**。

史文森先生曾长期担任成功的机构投资者——耶鲁大学捐赠基金的首席投资官。从 1985 年到 2021 年，这个基金会的市值增长了近 40 倍，在全世界投资者心中成了一个奇迹。史文森先生也被称作机构投资和资产配置的“教父”。

史文森带领的耶鲁大学投资办公室[①]的主要职责除了上述的资产配置和确定年化收益和风险目标，还包括筛选不同种类资产下的具体基金进行投资和投后管理等。这就赋予了他们类似 FOF 的功能：筛选优秀的基金经理也是他们最重要的一项工作内容。

史文森最重要的投资思想，其实可以用三个维度来总结：（1）**分散化的资产组合（他的资产配置的主要思路，我们会在本章第四节做重点介绍）；（2）用长期主义思维去对抗短期波动和短期风险；（3）一个以股票投资为主导的资产组合**。他的投资理念建立在科学的资产配置这个基石之上，也就是通过团队研究，进行科学而分散化的资产配置。当然除了这三条，具体执行起来还需要制定剔除了通货膨胀的年化收益率目标，并在风险波动下进行积极的日常资产管理。

当然，史文森的资产配置理念还涉及绝对收益、流动性、风险调整后收益、被动和主动投资等方面。比如，**绝对收益**（Absolute Return）这个投资概念就是他在耶鲁大学捐赠基金创立的重要概念之一。从 1990 年 7 月开始，在史文森的带领下，耶鲁大学捐赠基金将 15% 的资产配置进绝对收益的池子里。具体看，

① 本书提到的耶鲁大学投资办公室，是耶鲁大学捐赠基金的日常投资管理团队。

当时该捐赠基金大致上将其中一半的资金配置到事件驱动型交易的对冲基金，而另一半配置进价值导向型对冲基金。

在绝对收益概念里，事件驱动是指利用并购、重组等机会赚取市场上的价差；而价值导向是指做多或者做空那些和正确价格发生偏离的证券或资产。绝对收益资产最大的特点就是收益必须和主要市场不相关联，而且要能长期带来收益（包括市场效率低下的时期）。

一般来说，绝对收益领域的基金公司应该具备积极管理的能力，并从公司合并、破产、不良证券等事件驱动策略上，或者通过择股多空对冲操作的价值驱动策略上获得独立于贝塔①之外的收益。这种独立性往往成为绝对收益策略基金在多、空两头"通吃"的优势。

以耶鲁大学捐赠基金为例，20 世纪 90 年代曾经是该基金会投资于绝对收益策略基金的黄金十年，年化收益率（代表投资收益）和年化波动性（代表风险）都表现出色。②

但随后，由于绝对收益在世界范围内广泛受到瞩目，越来越多的基金开始了此项策略，导致这个策略的先手优势下降。耶鲁大学捐赠基金在该领域的年化收益和年化波动性都开始接近美国股市的整体情况：1999 年到 2009 年 10 年间，从其绝对收益板块资产中获得的收益开始相对于 20 世纪 90 年代显著下降。该捐赠基金数 10 年来的数据显示，其绝对收益和美国股市与债券市场呈现较低的相关性。以 2009 年为例，绝对收益资产在耶鲁大学捐赠基金报告中的真实收益目标为 6%，而风险波动率则介于 10% 至 15% 之间。

当然，这个年化风险波动率虽然不低，但如果从长期主义的视角看，最关键

① 贝塔系数（Bata）衡量的是资产收益与市场整体收益水平之间的关系，是衡量系统性风险的指标。
② 本书中除特别注释，其他所有耶鲁大学捐赠基金的相关数据和分析资料均来自耶鲁大学投资办公室公开披露的历年年度报告。

的问题依然是风险和收益是否长期匹配。耶鲁大学捐赠基金常年配置绝对收益类的资产就能体现出对这点的满意度。

扩展阅读

除了机构投资者和 FOF，本节还提出了两个重要的概念：大学捐赠基金和绝对收益。

耶鲁大学捐赠基金是美国一种典型的非营利教育机构所举办的独立机构投资者。其资金主要来自校友和社会各界的捐赠，而资金一般用于维持学校长期运营资金的稳定、通过奖学金和工资待遇吸引杰出的学术人才，以及推动学术硬件的更新等。该基金起到的作用是管理资产以获得保值和增值，它是一个中间环节，也是最重要的环节。

为此，这类机构就必须聘请类似史文森这样的杰出投资家和一小群资产管理者来具体管理。

耶鲁大学捐赠基金最先在大学资产管理团队中引入了绝对收益的细分门类。当前绝对收益投资已经成为各家机构的一种另类投资行为。

绝对收益投资的标的还是以各类证券为主，但其要领是要找到被错误定价或者体现市场定价的非有效性，以及与传统股债市场走势非常不相关的证券标的。

绝对收益主要运用的策略是事件驱动和价值驱动两种。事件驱动策略包含公司合并套利、不良资产证券投资等基于公司合并或者重组所进行的财务交易；价值驱动策略通过建立能够相互对冲的多头头寸和（或）空头头寸来消除风险，并依靠市场发现错误定价机会，特点是交易时间比较短，几个月到一两年不等。

当然，如何挑选到具备优秀的绝对收益对冲基金就属于非常难的事了，这也是史文森所领导的办公室的价值所在了。对于像钱小白这样的个人来说，如能找到那些运用绝对收益策略的基金进行投资也是不错的“后袋”配置方式。

总之，核心的思路就是研究优秀机构投资者的资产配置、预测收益、筛选基金以及风险管理等策略，然后运用到个人理财方案上，合理配置“后袋”中的资金，做到资产的保值和增值。

第三节 “偷师”世界最大的投资机构

总结本章前两节的内容，所谓“偷师”世界最大的投资机构，其实就是个人投资者走捷径打理“后袋”，主要方式是学习这些机构的配置思路，方便地配置“后袋”中的资产。**这里并不是要去完全照搬头部机构投资者的资产配置具体结果，而是从这些机构配置资产和对投资的研究中充分汲取我们“后袋”资产配置的灵感**。

读者现在可以这样想象：把一家（或者几家合为一家）头部机构投资者看作一个人，年纪和我们相仿，投资的目标、期限和风险承受能力也和我们类似，那么顺理成章，我们就可以通过借鉴这家机构的资产配置方案来制订个人的配置计划。

但在尝试利用这些世界头部机构的公开资料和方法来配置“后袋”之前，还得首先处理几个合理性问题。最主要的合理性问题是：**作为个人投资者的我们和所参考的头部投资机构在投资目标、投资期限、风险承受能力上是否一致？**

看上去，我们的资产配置之路似乎又遇到了阻碍，但这其实是一个类似“先有鸡，还是先有蛋”的问题，如果希望借鉴机构投资者的资产配置为我们所用，就不应该去纠结这三个问题，纠结个人是否会和机构完全匹配。而是应该去思考，如何通过机构的研究方法确定个人的投资目标、投资期限以及风险承受能力。换句话说，确定这三个合理性问题的钥匙还在于研究和借鉴机构投资者。在这个过程中，我们自然就会得到答案。

事实上，类似耶鲁大学捐赠基金这样的机构投资者有几大优势完全可以成为我们配置“后袋”资产的底气所在。首先，通常来说，他们会有一套严谨和科学的投资分析框架和系统。会以此作为基础，对投资目标、资产配置、宏观研究以及风险控制等一系列议题有自己的一套成体系的方法。这样，我们就可以相对放心地借助这些机构投资者的力量去完成我们个人“后袋”资产的配置，并达到投资目标的设定。

其次，顶级机构投资者都非常重视配置资产的核心地位，而对择股和择时等相对具体的策略和需要非常高天赋的操作的重视程度就相形见绌了。这和我们个人投资者的情况非常相符。前文已经提过配置资产应该是我们管理“后袋”资产的首要考量，也是我们能够凭借自己的能力短时间内学习到的一项能力。**借助机构投资者的力量，以完成配置“后袋”资产是本书一个核心逻辑**。

为数众多的顶流机构投资者都是长期主义者。这些机构往往以长期的眼光衡量投资目标和配置自己的资产。比如耶鲁大学捐赠基金的首席投资官在 2023 年年度公开信中曾经指出，作为一个拥有 322 年历史的机构，耶鲁大学得益于其捐赠基金罕见的投资能力，真正成为一个长期投资的受益者。

耶鲁大学捐赠基金衡量其投资是否成功的标准是几十年，而不是几天、几个月甚至几年。在截至 2023 年 6 月 30 日的 10 年间，该捐赠基金的年平均回报率为 10.9%，比美国所有捐赠基金的平均回报率高出 3.9 个百分点。①

在此背景下，该基金会对长期、非流动资产保持耐心是一项核心竞争力，长

① 引自《耶鲁大学每年花费约 5% 捐赠基金价值，会入不敷出吗？》，《家族办公室》杂志，2023。

期主义也是该基金构建投资方法的底层逻辑和承受风险能力的大前提。很多机构也像耶鲁大学捐赠基金一样，通过广泛的定量建模和定性分析，将很多资产配置进流动性较差的资产类别中（比如私募股权投资或者私募风险投资）。**要注意，流动性差一般代表着投资期限较长，资金赎回受到限制，但并不一定代表着高收益。所以这些机构的长期主义思维可能代表着以更大的风险获得更高的收益，所以并不是完全适合个人。**

个人投资者可以借鉴的原因在于长期主义视野下的投资收益目标和资产配置逻辑确实符合我们的情况。因为“后袋”中的资金就是为我们未来人生中所有远期的大额费用所准备的，所以一定要以长期主义思维来面对。

此外，耶鲁大学捐赠基金每年需要从管理资产的总额中拿出大约5%的资金给耶鲁大学使用，用于学生奖学金、教师的工资、各类硬件的更新。最近几年，这笔占捐赠基金总额5%的钱可以占到当年耶鲁大学总支出的1/3，对学校的日常运营至关重要。

这是否也非常耳熟？在本书的个人资产管理模型中，“后袋”中的资产也需要负担部分应急基金和大额支出，如果我们把这些支出看作机构投资者支持运营的日常支出，那么学习资产配置和投资目标设定就更加贴近我们的实际情况了。

最后，很多机构在投资时会考虑可持续发展和气候变化等因素的影响，从而避免投资相关的高耗能、高污染领域，如果个人投资者也有这个心思，就可以先“偷师”这些机构的做法，然后实施到个人的资产配置方案中去。

总之，个人“偷师”机构投资者的资产配置和投资目标是有据可依的。

投资目标、投资期限和风险承受能力

现在既然已经有了对合理性问题的认识，我们对于学习机构投资者就不必过于担心了。此外，也不要以为机构投资者的资产配置过程会和普通人完全不同。**我曾经在美国一家头部机构投资者的研究部门工作过多年，据我的观察，其实机构投资者研究人员在确定机构资产配置时，思路和个人配置资产有非常多的相似部分**。

我记得第一次走进这家捐赠基金投资办公室时的情景，当时我还是其研究部的一名实习生，主管凯利是一位在行业内小有名气的董事总经理，她是一位非洲裔美国人，毕业于世界名校圣路易斯华盛顿大学，在一些投资界杂志的报道中，她被誉为下一个大机构首席投资官（CIO）的热门人选。在传统以白人男性为主导的美国机构投资界中，她的这些成就并不容易获得。

她每周都会和我进行一次工作会议，令我印象最深刻的是，上班第一天她就建议我仔细研读大卫·史文森的著作和耶鲁大学捐赠基金的年度报告，并告诉我一个重要常识：**做任何投资研究或者资产配置，永远要站在巨人的肩膀上看问题**。

她带着我完成了投资研究的三个重要事项：（1）利用外部研究机构的公开报告去确定投资目标、投资期限和风险承受能力；（2）研究、编制了所在机构当年的资产配置计划，并提交管理层会议审议；（3）理解各宏观经济参数对于投资的重要性，以及编制每周的宏观经济汇总报告。

这段工作经历无疑是我人生中的重要一环，也带给了我启发：在个人财富管理中，如果我们要确定“后袋”中资产的投资目标、投资期限和风险承受能力，那么可以从头部机构投资者和外部机构的相关研究和结论中找到灵感。

既然如此，不妨以我在这家投资机构工作的经历为模板，带领各位读者去探索如何借鉴机构投资者的资产配置策略和投资研究成果，确定个人的投资目标、投资期限和风险承受能力。**换句话说，在配置“后袋”资产的整个过程中，我们要学得彻底，不仅要学“后袋”中的资产配置具体办法，而且也要学习机构投资**

者是如何确定投资目标的。

在投资目标、投资期限和风险承受能力的关系上，凯利曾经告诉我，投资目标是最重要的“牛鼻子”，往往指明了这家机构在不同时期对投资收益的期望。一旦牵稳了这个“牛鼻子”，投资期限和风险承受能力也就自然一通俱通了，如图 3-2 所示。

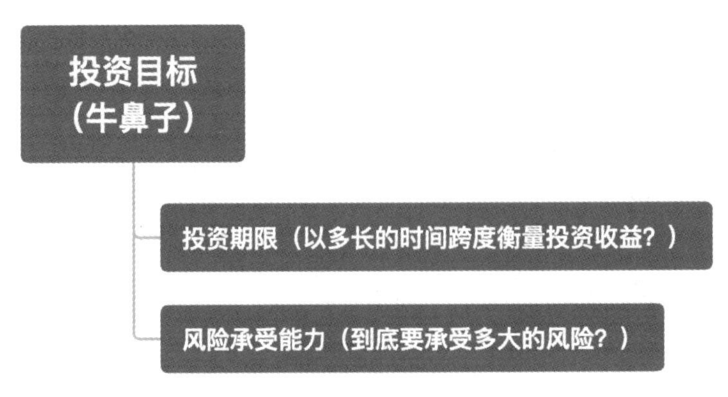

图 3-2　投资目标、投资期限和风险承受能力的关系

确定个人投资目标的“五步走”

我将以这家工作过的头部机构投资者的相关研究过程为蓝本，向各位读者揭秘确认投资目标过程中的每一个研究步骤，并做合理的简化修改，让流程更加适合个人投资者去决定投资目标。

第一步：明确投资目标的量化标准

这个步骤非常重要，对于机构投资者来说，投资目标就是一个预期的收益率数字，确定投资目标就是在不同投资期限下，充分考虑风险，找到各个期限中合理和科学的收益率目标（一般以年化收益率表示）。

这里得明确，投资目标不是越高越好，这也是正确财富观的一部分。芒格曾经在其著作中写道：“想要快速致富是非常危险的。”他认为，所谓的财富就是那种对自己所拥有的一切感到满意的状态，体现在我们的总花费少于总收入，还要有很多属于自己的时间。

此外，很多人认为，投资是快速获得财富的有效手段，然而在真正的投资家眼中，很多人将投资和投机混为一谈。凯利曾经提醒我，做投资分析要避免类似股票投机的行为模式。她说，很多散户喜欢短线交易，总会追涨杀跌，损失惨重。有时候这也是无法改变的，（美国股市上的）许多散户依然将这种类似赌博的交易方式当成投资。

对于凯利和我来说，投资和投机最本质的区别就是对收益率目标的设定是否在一个合理范围内。

第二步：明确资料来源

机构投资者的研究资料来源一般分为两种：公开资料和收费资料。前者主要来自经过筛选的专业研究机构的研究报告；后者则主要来自提供相关定制化资料的服务商。我们普通人一般不可能花大量金钱去购买后者，所以我们应该以公开、免费的资料为主。

公开资料主要来自专业研究机构的网站，我按照凯利教授给我的经验，结合个人投资的相关性确定了几家研究机构，下载了相关研究报告和数据。这些机构分别是：贝莱德集团（BlackRock）、景顺资产管理（Invesco）、摩根大通（J. P.

Morgan）和AQR资本管理。它们都是行业公认的具备研究公信力的头部机构[①]。

这四家的相关研究数据都是公开的，我们可以用任一搜索引擎，利用关键词“机构名 +capital market assumptions+ 年份”就可以搜索到了。

“capital market assumptions”是资本市场假设的意思，这些机构相关的报告名称中一般都会带这个专有名词。以贝莱德集团为例，我们如果想找到其2023年的投资收益假设和资产配置报告，就可以在搜索网站上打出“BlackRock capital market assumptions 2023”这组关键词，一般前几个结果就是我们所需要的资料。当然，这些资料都是英文的，如果对英文不熟悉，还需利用翻译软件。**请读者记住“资本市场假设”这个说法，在我们整个“后袋”资产的配置过程中，头部机构投资者的资本市场假设报告将会是一个非常重要的信息来源。**

最后，读者一定要了解，上述四家机构都是以美国投资市场和世界整体的投资市场来做投资规划的，所投资的标的主要分现金类、股票、债券和另类资产四个大类。对于中国的个人投资者来说，在实际操作中，可以借鉴这四家机构的投资收益研究过程以及资产配置过程，但千万不能直接使用，切记需要找到国内市场投资相对应的数据才行。

第三步：确定投资期限划分标准

在确定了上述四家机构的研究资料后，下一步要做的就是确定投资期限的划分。要和个人的实际情况结合着看，不能单纯用机构的期限。比如，对一个25～35岁的青年来说，“后袋”资产的投资期限可以这样来分：五年期（近期）、十年期（中远期）、十年以上（远期）。而对于一个50岁快要退休的人来说，投

---

① 如无特别注释，本书中提及的所有具体机构或者具体操作工具，仅为方便读者深入理解，配合讲解具体方法，不作任何推荐，望读者在实际操作过程中谨慎参考和使用。

资期限可能只需看到五年期和十年期，因为退休后一般人的收入会下降，到时候的重心应该是放在如何使用“后袋”里的钱而不是如何增值上了。

一方面，任何成功投资的关键之一是要学会如何在收益、风险与时间跨度之间取得平衡。如果在年轻时对着眼于退休后支出的投资过于保守，就会面临双重风险：（1）投资增长率跟不上物价上涨；（2）投资可能无法使资金增长到退休后生活所需的金额。相反，如果一个人在年老时的投资过于激进，那么风险过高，本金可能会受到市场波动的影响，可能会在退休后侵蚀资产价值，而此时这个人因为退休而没有了更高收入来源的可能，其挽回损失的机会也就较少。

面对这些投资期限的问题，我们在管理、配置“后袋”之前怎能不预先制订好周密的投资期限计划呢？以机构投资者视角看，从贝莱德集团、景顺资产管理、摩根大通集团和 AQR 资本管理的资本市场假设报告可知，这些机构的投资期限一般以 5 年、5 ~ 10 年和 10 年以上来划分。因为这些机构的投资期限划分本来就是面向个人投资者的，所以这些划分方式也成了个人投资者可以借鉴的投资期限方案。

另外，不管是凯利还是史文森，华尔街资管巨头公认的一种关于投资期限的论点是：投资期限越短，我们在一个资产组合中所应承受的风险应该越小，投资收益也应该越低。简单地思考：如果一个快要退休的人，他当前总资产的投资期限只有 2 年，后面就是退休后的支出（补贴退休金的不足，过上优质的生活），那么最好的方法应该就是将总资产全部配置进风险非常低的货币型理财产品。而随着投资期限提高到 5 年、10 年、20 年，所投总资产中的股票和债券等风险资产的比例就应该逐步提高。

第四步：计算出投资目标（合理的年化收益率）

计算出个人的投资目标是最关键的一环。有了前面三个步骤作为基础，现在就可以真正分析出自己的一套标准了。从这四大机构的“资本市场假设”报告中不难发现，不管是对于未来5年还是10年的投资收益假设，这些机构都会从各种资产的历史数据中计算出平均收益率作为预期收益率。而一旦“后袋”中包含了不同的资产，那么加总（还需要加权每种资产在“后袋”中的具体比例）这些资产的预期收益率就可以得出整个“后袋”资产的预期收益率，以此来作为投资目标。

假设一个人现在希望确定未来5年、10年的年化收益率投资目标，那首先，就可以将过去5年、10年的年化投资收益率作为一个重要参考标准。其次，这些机构都会考虑通胀率的影响，计算出一个剔除了通胀率的真实收益率。这就提醒我们，在做个人投资目标的制定时，也需要以真实收益率来衡量。

最后，这些机构在报告中会将现金类、股票、债券、另类资产再细分成一个个小项目，并以最能代表这些小项目的指数作为代表一一对应进行测算。比如股票可以分为大盘股、成长股、新兴市场股票和发达市场股票，以及各国市场的股票等；债券可以分成国债、公司债、新兴市场公司债等；另类资产则可以分为大宗商品、私募股权投资等。个人投资者没有必要分得那么细，也不可能对每一个小细分品种都有所了解，在“后袋”资产中，我们应该把目光锁定在资产大类（比如现金类、股票、债券）上，研究这些大类资产在“后袋”中的合理百分比以及预期收益率。

在计算年化收益的投资目标时，可以得出一个范围就行。这个范围要包括我们“后袋”资产保值的底线，也就是每年的通胀率。然后按照风险由小到大分别计算现金类、债券和股票的各自代表性指数的历史年化收益率，即可得出预期收益率作为投资目标。另类资产离普通人的距离较远，风险高、门槛高，需要很多知识储备，建议普通人对投资另类资产秉持更加谨慎的态度。

下面就一起来实操一下。首先为了简化，我们假设“后袋”中包含了现金、债券和股票三大类型的资产。

据国家发改委 2022 年公布的数据，2012—2021 年这 10 年间，全国居民消费价格指数年均涨幅为 2%。由此，在 2023 年，我们“后袋”资产年化收益率的目标下限就有了，就是 2%。

现金类的预期收益一般以 7 天通知存款利率作为每一期的参照，为了方便计算，我们可以走捷径，以当前市场中最大的货币型公募基金的 5 年或者 10 年收益率（年度涨幅）作为参照，这些数据都是公开的，可以从万得或者天天基金网上查到。我在 2023 年 12 月时候查询到了一只市场主流的货币型基金近 10 年的平均年度涨幅为 2.7%。

债券投资的预期收益我们可以以国债指数、沪公司债指数、中证全债指数三个主要代表性指数的 5 年或者 10 年年化收益率作为参考。据万得的数据，以 2023 年往前 10 年这个时间段为例，这三大指数的年平均收益率分别为 4.7%、6%、6.5%。[①] 我们以最简单的平均数将这三大指数合起来看，就得出了约 5.7% 的结论。

股票投资的代表性指数为沪深 300 指数。如果还是以 2023 年之前 10 年的平均年收益率作为预期收益率，那就为 4.9%。当然，我们还需注意 2023 年沪深 300 的走势相对之前 9 年差异较大，截至 12 月初，该指数 1 年内下跌了大约 10%，大大偏离平均数，所以该指数 2023 年的走势可能并不是很具有代表性，可

---

① 如无特别注释，凡本书中提及各类金融数据来自万得（比如“据万得的数据”），指的是作者使用 Wind 金融终端找到的数据。该终端为个人用户提供各类公开的金融数据，如本段所说的“国债指数、沪公司债指数、中证全债指数”等。本书中所提及的来自万得的数据已经由作者反复核查，如有任何错误，请读者联系本书出版单位进行指正，不胜感谢。作者对包括 Wind 金融终端在内的任何“万得”产品和服务不作任何推荐。

能属于较极端的情况。如果还是带入2023年的情况，4.9%的10年平均年收益率可能会有所失真。基于此，我以2011年年底到2021年年底的数据来计算[①]，得出的数字是11%，以此作为股票的预期收益率，可能更加符合历史参考的功能。（在计算历史收益率或者风险参数时，有时候我们需要剔除最高和最差的极端值，让这个历史数据的平均数更加具有参考价值。）

由此，如果我们的"后袋"资产仅包含现金类、债券类和股票类三大资产，那么基于历史数据，"后袋"的年化投资收益目标的范围就已经可以计算出来了：应该是在2%到11%之间。具体年化投资目标的计算公式是：现金类资产百分比×现金类资产年化预期收益率（2.7%）＋债券类资产百分比×债券类资产年化预期收益率（5.7%）＋股票类资产百分比×股票类资产年化预期收益率（11%）。

三大资产的百分比计算方法将通过下文介绍的"后袋"资产配置模型来得出，但有一点需要保证：现金类资产百分比＋债券类资产百分比＋股票类资产百分比=100%。

可以从图3-3来简化着看：现在我们的后袋中包含了三种资产（A、B和C），那么每种资产占"后袋"总资产的百分比，与每种资产的预期收益率（由各资产的历史平均收益率计算出）的乘积之和就是"后袋"资产总体的投资目标。

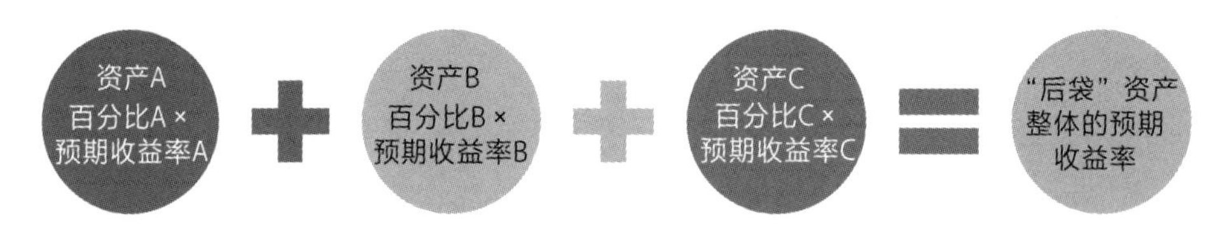

图3-3 "后袋"资产投资目标（预期收益率）的计算公式

① 同理，2022年沪深300指数的年化收益率比2023年还要低，也是历史上一个极差的数值，这里再往前挪一年，按2021年往前10年计算。

我们可以暂定现金类占比5%，债券类占比40%，股票类占比55%，如果按此比例代入上面这个公式，个人“后袋”资产的年化收益投资目标就应该约等于8.47%。

那些想要暴富或者每年资产翻倍的人是不是会觉得低了呢？其实这个数字才更可能是合理的目标。期待暴富或者翻一番的人，显然忽视了风险。在安全的前提下，加上时间的复利效应，收益还是很可观的。

第五步：衡量个人的风险承受能力

这里有必要再梳理一下风险与收益的关系。各位知道，不同的投资具有不同程度的风险。承担更大的风险意味着你的投资收益可能增长更快，但也意味着面临更大的亏损概率。相反，风险越小，就意味着获得利润的速度越慢，但投资更安全。

在投资时决定承担多大的风险即为衡量自己的风险承受能力。如果人们可以用承受投资价值的短期涨跌来换取更大的长期回报，那么风险承受能力可能较高。如果人们对较慢、较温和、起伏较小的回报率感觉更好，那么风险承受能力可能较低。

一般来说，合理的风险与收益平衡关系应该是，在为远期目标进行投资时承担更多风险。比如年轻人为退休进行投资时，这些年轻人在退休之前还有几年甚至几十年的时间，他们一般更有能力从投资价值的下跌中恢复过来。所以年轻人所能承受的风险相对应该更高。

一个大前提在于，如果完全不了解一个基金产品或者一种类型的股票，就最好别去碰。

前面第四步已经提到，国际主流机构的资本市场假设已经明确提示人们可以将配置“后袋”资产的重点放在股票、债券和现金类产品上。但到底要如何分配这三大类资产的比重还需要结合风险一起来看。也就是说，要看我们能否承受股票或者高收益债券所带来的风险。

关键还是在于自我风险承受能力的评估。要评估也不难，**按照监管规定，当我国个人投资者要申购任何一款风险性理财产品时，机构都需要对投资者进行风险测试，所以不管是线上申购基金还是到某个银行网点购买理财，投资者一般都要先进行风险测试，以了解自己的实际风险承受能力，再根据风险承受能力来进行投资决策**。

机构将通过问卷调查、测试题等方式全面深入地了解客户，并按风险承受能力等级将个人投资者由低到高至少划分为五级，分别为：C1（风险承受能力最低的投资者）、C2、C3、C4、C5（风险承受能力最高的投资者）。

同时，不同的投资标的也有风险等级（R1 到 R5）①。C1 级投资者匹配 R1 级的产品或服务；C2 级投资者匹配 R2、R1 级的产品或服务；C3 级投资者匹配 R3、R2、R1 级的产品或服务；C4 级投资者匹配 R4、R3、R2、R1 级的产品或服务；C5 级投资者匹配 R5、R4、R3、R2、R1 级的产品或服务。

R1 级别的产品一般为银行定期、国债、大额存单、货币型基金等。

R2 级别的产品一般为部分银行理财、部分固收类等。

R3 级别到 R5 级别的产品按照风险由弱到强，涉及高风险的固收类、权益类和期权期货等衍生品。

在完成测试后，如果发现自己的风险承受能力无法达到某种投资，那么在最终的“后袋”配置中就不能加上相关的产品，同样，投资目标的计算也就不能计入相关的收益目标。

---

① R1 为低风险，R2 为中低风险，R3 为中风险，R4 为中高风险，R5 为高风险。

第四节 几种最重要的资产类别

在第一章第三节中，我已经对现金类理财做了介绍，这是每个投资者都应该了解的基础知识，也是“后袋”资产中最重要的一个“活水”资产。所谓“活水”资产，指的是那种可以及时赎回（或者出售）成为现金的资产。比如，银行7天通知存款就是一种非常普遍的超短期现金类理财，类似的还有3个月整存整取的银行定期存款。

同样在本章第二节中，为了解释投资的概念，本书也列举了五大核心资产（股票、债券、大宗商品、不动产以及公募基金和ETF）。有了这些基本的知识，其实我们还没有办法真正开始配置“后袋”。因为还没有深入了解“后袋”资产配置中真正需要了解的资产类别，且在配置“后袋”时，很多资产是通过代理标的物来配置的，我们也需要了解全貌。所以，本节的目标是帮助读者更加细致和深入地理解个人资产管理和“后袋”配置过程必须熟悉的资产类别，为后续真正着手制定“后袋”资产配置模型打下坚实的基础。

首先要注意，像钱小白这样的普通人，在没有任何金融或者财经专业背景的前提下，学习和研究各类资产类别都是为了配置“后袋”模型而做的功课。基于如此直白和明确的目标，就必须单刀直入仅仅学习那些有相关性的资产，而不是花费大量精力研究那些并不适合普通人理财和配置“后袋”的资产类别。也就是说，我们需要理解**“有所为，有所不为”**。

有所为，有所不为

更直白地讲，适合普通人配置“后袋”的资产类别主要分三个大类，分别是股票、债券和货币市场产品（包括银行现金类理财）。由前文，读者知道这三大类资产的预期收益通常是股票大于债券大于货币类，预期风险通常也是股票大于债券大于货币类。

除此之外，远期合约、期权、期货、互换合约、结构化金融工具等衍生品以及大宗商品、私募股权投资、风险投资、对冲基金、量化基金等另类投资都是不建议我们普通人去配置的资产类别。一来，衍生品市场和另类投资的风险非常高，大多数品种都要高于传统的股票投资，普通人没有那么高的风险承受能力，我们的“后袋”肩负着养老、育儿等重大使命，不容有失。二来，我们可以清晰地发现，机构投资者大多会触及这些高风险的资产，事实上，不管是史文森还是凯利，都曾经明确指出私募股权投资、对冲基金等资产类别能够充分发挥收益率较高的优势，是构建投资组合的重要组成部分。但是机构投资者能这样做的大前提是有众多专业人士去分析这些资产的情况，也拥有大量资源去规避风险。这些往往是普通人不可能具备的。

这再次表明，走捷径去跟随机构投资者资产配置的思路重点在于学习这些机构的配置方法和科学的思考过程，而不是照搬这些机构的配置成果。呼吁各位读者尤其要注意这点。

各位千万别以为股票、债券和货币市场产品就比较容易理解或者风险较低，这并不是真的。普通投资者选择这三类大资产作为“后袋”配置的主要逻辑其实在于：**现实条件下，普通人能利用的细分资产和各类投资工具中，以上三个大类**

是较全的，也是最能被普通人触及的。试想，货币市场中的银行现金类理财或者债券中的国债几乎是家家户户都使用过的理财品种。投资股票也是千万股民都非常熟悉的事了，绝不能算是新鲜的资产。同时，投资股票的风险有时候可能非常高，那些通过向机构融资或者融券进行股票交易的投资者所面对的风险其实一点也不亚于投资了某些期权或者期货合约的风险，有“爆仓”的风险。

股票投资所包含的技巧、分析甚至哲理范围之广、难度之大，望尘莫及。从“后袋”资产配置角度出发，个人投资者对股票投资的研究和普通股民是不一样的，也和那些以研究选股、择时为主要工作的基金经理还有类似巴菲特这样的价值股投资大师不同。

普通人配置“后袋”资产重在理解股票的分类，也就是如何区分不同种类的股票，并且通过什么样的途径能帮助我们触及这些股票。

为此，还是要回到“站在巨人的肩膀上看问题”，纵观头部机构投资者的资本市场假设报告中关于股票资产的分类，我们可以将股票按照地域、市值大小、种类属性进行划分。

按股票上市地域划分并不难理解，比如上证指数就是在上海证券交易所上市的国内公司股票，在中国香港上市的股票被称为港股。这样区分股票是以上市公司地理位置的不同来分散我们个人投资者在股票中的投资。国外头部机构投资者更多的是关注美股、新兴市场股票和发达国家市场股票，这就和内地投资者更多关注 A 股（在上交所、深交所和北交所上市的股票）和港股这两大地域分类不同。

在中国香港发行的股票往往与 A 股中的股票的表现不同，对于有机会通过南向资金等途径投资港股的人来说，这为他们提供了投资 A 股所没有的机会。比如，国内大型电商平台阿里巴巴和京东集团都在中国香港上市，如果有投资者希望吃到这两家大型电商发展的红利，投资两家公司的股票，就应该积极考虑那些包含这两家企业的以港股为主要投资范围的合格境内机构投资者（QDII）基金等（关于 QDII 的介绍将在本节后文呈现）。

按照股票市值划分，顾名思义就是将不同市值大小的股票组合在一起，成为某种市值类资产（比如指数基金），然后将资产配置于这些不同的以市值为划分标准的资产中，以达到配置资产的目的。历史表明，以市值衡量的公司规模作为股票投资的资产划分标准，是分散风险、创造投资组合价值的一个重要来源。因为一般来说，小市值股票比更稳定的大市值公司股票风险更高，但回报也更高。例如，安盛投资管理公司（AXA Investment Managers）2023 年的一项研究发现，自 1926 年到 2022 年，美国股市中小盘股的表现每年略高于大盘股 1 个百分点。

最后，按照股票的属性分类进行资产配置也是头部机构投资者的常规操作。其中以成长股和价值股进行分类是最常见的方法。这种分类的思考依据是，投资处于企业生命周期不同阶段的公司股票，也可以为投资者的投资组合分散风险和创造价值。

成长股一般是那些新成立、业务正在快速增长的上市公司。这些上市公司的特点是收入、利润和现金流快速增长，但与账面价值相比，这些公司的股票估值往往可以非常高，也就是说这些公司的股价往往显著高于其内在价值。这些公司股票增长的基础在于维持超高速的业务增长和对未来的强大预期，投资者选择这种股票，有时候甚至可以忽视部分当下的低盈利以及牺牲分红收益，因为这类公司普遍很少分红。

与之相反，价值股一般是那些已经非常成熟，拥有一定市场占有率，但业绩增长较慢的公司。这些公司一般历史悠久，资产规模和市值较大，所在的行业都比较传统，比如大型银行、大型石油开采企业就是典型的价值股。价值股的特点是股价比较能反映其内在价值，甚至有时股价会低于其内在价值（内在价值是基于企业账面财务数据和未来现金流预期折现的现值）。另外，价值股的分红和回购一般也比较给力。

股神巴菲特作为价值投资的“掌门人”，对价值类股票非常青睐。他长期大量持有的可口可乐公司股票就是典型的价值股。价值股因为稳定性和成熟性，比较容易推测出其内在价值，所以类似巴菲特这样的投资者可以在其股价显著低于内在价值时大量购入，然后长期持有。然而，巴菲特当前持股量第一的公司是苹果，而苹果又是一家非常具备成长股特征的上市公司，这就提醒我们，要区分价值股和成长股孰优孰劣是非常愚蠢的，在不同历史周期中，成长股和价值股的业绩输赢都不同。一条被市场普遍接受的信条是：价值股的收益往往低于成长股，但价值股的风险也往往小于成长股。

图 3-4 所展示的分类方法只是提及了股票类资产的三种主流分类方法。**然而，如果要将这三种分类方法结合起来，特别是以地域和市值、地域和属性结合起来区分，股票资产又能被划分成更多的资产类别。比如，美国小盘股、欧洲小盘股、美国价值股、日本成长股等。但对于普通投资者来说，理解下图所示的股票三大分类已经足够，不需要去做能力圈以外的拓展。**

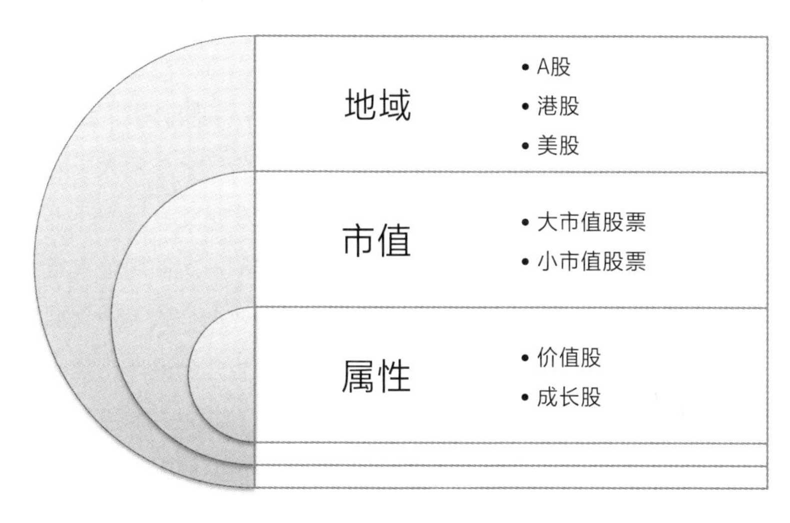

图 3-4　股票基本的三大分类体系

和股票类一样，在配置“后袋”资产过程中，对于债券类资产的研究最重要的是落脚在区分各种债券类资产上。

相对于股票，很多人对债券的认识并不多，可能更多局限在国债上。其实债券类资产（也称作固定收益证券）的典型特征是能够给投资者提供固定数额的现金流，有点类似于那些常年定期分红的股票。一般人们以风险大小来区分债券资产（债券也和股票和货币一样，遵从风险越大，投资收益预期越高的定律）。

说到债券风险，一般的教科书都会提到信用风险和利率风险这两个主要的风险。信用风险指发行主体违约，不能履行支付本息责任的风险。比如一家发行债券的公司出现财务问题，无法筹集到所发行债券的利息了，那么这就是一起典型的信用风险暴露事件。有时候，信用风险不是体现在企业还不起钱了，而是在市场观察到企业经营出现恶化倾向，在债券二级市场上该企业所发行的债券价格出现大幅下降，这也是一种典型的信用风险。评估一家企业信用风险的机构叫作信用评级机构，一般一只债券的发行方评级可以反映出信用风险的大小。

利率风险指的是由于基准利率变动所引发的债券价格波动风险。债券价格和基准利率的具体关系比较复杂，但大致上可以得出：当基准利率（比如上海银行间同业拆放利率，SHIBOR）上升时，二级市场中的利率债价格将会下降；当基准利率下降时，二级市场中的利率债价格将会上升。除了上述两大风险，债券资产的常见风险还有流动性风险（指投资者手中债券很难变现）、通胀风险等。

在债券市场中，根据债券主要风险点分为利率债和信用债两个大类。其中利率债几乎没有违约风险，典型的利率债为国债、央行票据、政策性金融债和地方政府债券。信用债的发行主体以企业为主，大致可以分为金融债、企业债、公司债、短期融资券（中票）、由企业发行的无担保短期（中期）本票、可转债（是一种可以在特定时间按特定条件转换为普通股的特殊企业债券，兼具债权和股权的特征）、资产支持债券、次级债等。

其中尤其要指出的是，金融债因为发行主体一般是银行，所以风险较低；同样，企业债可以简单理解为是央企、国企发行的债券，公司债一般是上市公司发行的债券，要仔细分析其中的风险。

关于债券类资产，读者还需知道的一点是，市场交易的参与者主要是机构，而非普通个人。

最后，如图 3-5 所示，除了股票类和债券类，个人投资者还可以用于配置“后袋”的主要产品就是货币类产品了。货币类产品的特点是风险很低、流动性很高、参与者以机构为主。然而除了银行定期存款等少数产品，个人投资者很难直接接触到央行票据和同业存单的交易。

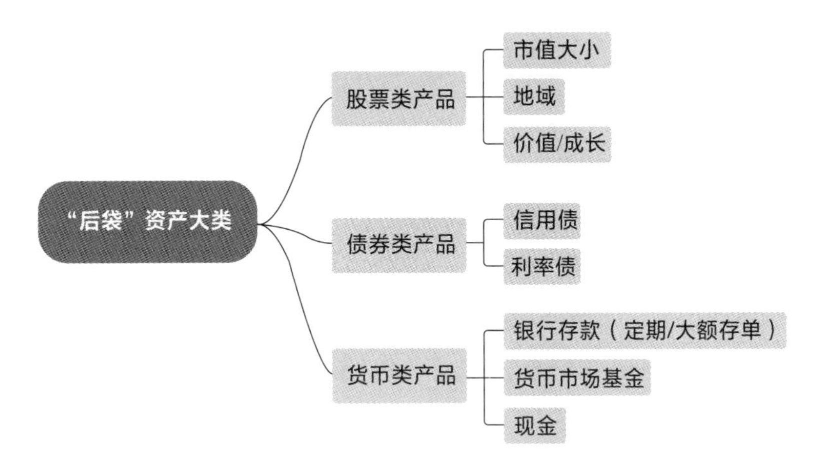

图 3-5 “后袋”配置的建议资产类别

指数的核心作用

在了解各类资产的过程中，读者很难不提出这样一个问题：资产种类如此多元，各类资产的情况非常复杂，我们要如何以最简洁的方法来查看一种资产类别的综合情况、历史收益和风险情况呢？

其实答案非常明确：就是利用**指数**这个工具。

2023 年 12 月 11 日，有这样一则消息被各家媒体广泛报道：当天中国股票市场的主要股票指数将调整部分样本股构成，涉及沪、深、北三家证券交易所。

沪市方面，上证 50、上证 180、上证 380、科创 50、沪深 300、中证 500、中证 1000 等指数更换部分样本；深市方面，深证成指、创业板指、深证 100 等指数更换部分样本；北交所方面，符合条件的北交所证券原则上将在未来有机会纳入中证全指指数样本空间，同时对北证 50 指数的样本股及备选名单进行调整。

以上这些指数分别代表着国内三家证券交易所具有代表性的股票指数。从这则新闻也可以看出，这些股票指数都是通过调整部分样本股构成并进行组合而成的。

不仅是股票指数，其实几乎所有主要资产都可以由指数来代表。比如，在我国的债券市场中，有几个关键指数非常重要：中证全债指数（样本由银行间债券市场和沪深交易所债券市场的国债、金融债券及企业债券组成）；中证国债指数（由银行间市场和沪深交易所市场剩余期限 1 年以上的国债构成）；中证企业债指数（由银行间市场和沪深交易所市场的剩余期限 1 年以上的企业债构成，权重债券主要是铁道债）；中证短融指数（从银行间市场上市的债券中，选取投资级短融作为指数样本，以反映相应评级短融的整体表现）；中证转债（由在沪深证券交易所上市的可转换债券组成，以反映国内市场可转换债券的总体表现）。

各类资产指数的汇编是一项复杂的精算任务，因为很多资产类别都有很多子种类和复杂的子类型。为了便于计算，许多股票指数使用具有代表性的标的（比如股票）作为样本（成分）来计算选定指数的平均价格和指数，如上证 50 和上证 180 就是靠这种方法来编制的。普通个人投资者无须理解每个指数的具体编制方法，只需了解指数的重要意义：

1. **通过基准指数直观地了解相关资产的价格变化水平和历史数据（包括收益率和风险）**。

2. **提供重要的基准参考标准，为人们配置"后袋"资产以及任何投资组合提供一个非常好的衡量标准**。事实上，几乎所有主流的机构投资者（包含各类基金等）都是以不同的指数（比如沪深 300 等）作为自己权益类、固收类以及货币类资产中长期收益的衡量标准。基金收益的好坏是需要一个基准指数来判断的，而且不同种类的基金基准指数是不同的，决不能串联起来衡量，也不能对基金投资的收益率抱着不切实际的幻想。

举个简单的例子，相信经历过高考的人都有在高三时月考的经验。每个月各门课都会进行月考。在这个过程中，自己学科的进步与否不是根据月考分数来评定的，因为每次考试的难度不同，分数并不能说明问题。人们往往会通过对比年级平均分、班级平均分以及年级排名来确定自己的成绩好坏。

基金的业绩评定也类似这样，需要一个参考来进行判断。基准指数的作用就类似班级平均分或者年级排名，能够更加科学地反映一只基金真正的成绩。一般来讲，在选定期限内，一只基金的收益率和风险指标越高于所挂钩的基准指数，其业绩才越好。如果一只基金的业绩常年低于所挂钩的基准指数，那么这只基金就不是合格的产品，并不是投资者可以积极考虑申购的标的物。

3. **基准指数是被动投资基金制定投资策略的基石**。被动投资的基金一般采用指数复制法跟踪标的指数的表现，具有与标的指数以及标的指数所代表的资产市场相似的风险收益特征。更直白地说，被动投资基金的主要策略就是控制与被追踪指数之间的误差，争取基金的风险和收益与被追踪指数的最高一致性。

这里就引出了另一个配置"后袋"资产的重要概念：基金。

基金的核心作用

读到这里，读者不免还是会有两个大疑问：

（1）既然说“后袋”资产配置的关键在于三大资产的分类，那么要如何通过分类来实际进行投资和资产配置呢？

（2）债券类资产和货币类资产很多都只能由机构投资者参与交易，普通人怎么触达呢？

以上这两个问题其实就是“后袋”资产配置的核心，要找到这两个问题的答案，关键点在于“基金”两个字。前文在论述投资时已经提及了不少关于基金的知识。这里读者有必要继续深入地分析其中的细节部分。

还是跟随上述三大类资产的研究方法，可以先从基金的分类开始说起。其实前文已经说过，基金按照募集方法的不同可以分成公募和私募两种，由于投资私募基金需要一定的资产门槛，并不是大众都能接触到的领域，本书会把重点放到公募基金和 ETF 上。

一般来说，公募基金和 ETF 的门槛很低，适合普通人投资，是向不特定投资者公开发售，进行资金募集的基金。私募基金是私下或者直接向特定投资者募集的资金，只能向少数特定投资者采用非公开方式募集，对投资者的资产情况和投资能力有一定的门槛要求。

此外，公募基金受到的监管比较严格，有信息披露、利润分配、投资限制等规范约束，而私募基金在信息披露、投资限制等方面的监管要求相对较低，运作方式比较灵活。当然，通常投资类似资产的私募基金的风险相对公募基金会更高，收费也会更高。

除了公募和私募这样的分类，基金还能根据封闭期限划分成开放型基金和封闭型基金，前者没有固定期限，投资者可以随时申购、赎回；后者有固定的封闭期，封闭期内不能赎回，封闭时间一般在 2 年以上，最长甚至达到 20 年。在当前的公募基金市场中，开放式基金已经占据主流，这是投资者自然选择的结果，体现出开放式基金的一些优势。

如果把眼光聚焦到公募基金，那么其主要的分类标准可以为两种：

第一，根据投资理念分成主动型基金和被动型基金。主动型基金对于基金经理的依赖度较高，业绩的主要来源是基金经理主动地选择和择时，决定买什么、什么时候买、买多少、什么时候卖等。被动型基金，顾名思义就是其投资策略以追踪、模仿一个指数的收益和风险进行，其中对基金经理主动选择和调整要求较低，并不非常依赖基金经理个人的能力。

ETF 就是一种典型的被动投资基金。相对来说，ETF 的历史并不久远，诞生于 1993 年的美国华尔街，但这类基金在最近十几年里在全世界的发展速度非常了得。ETF 有几个特点能使其相对主动管理公募基金，并体现出一定的优势：首先，ETF 类似股票一样能在证交所随时交易，而公募基金在每个交易日后结算。所以 ETF 的流动性更佳。其次，ETF 的管理费、佣金以及起购门槛都较低。当前 ETF 可以追踪和复刻的指数标的物非常多元，可以是沪深 300 这样的宽基指数，也可以是各类债券、大宗商品甚至股市概念等。

和 ETF 类似，具有被动投资特点的基金还有指数基金、增强型指数基金。前者是以复制被追踪指数的成分股和比例作为主要投资策略，后者则是主要仓位中跟踪指数的比例不低于 80%，另外的部分由基金经理通过择时、择股、打新等手段，试图获得超额收益，是被动投资与主动投资的结合。

第二，公募基金和 ETF 都能通过所投的主要资产类别进行分类。比如股票、债券等资产就属于相关的基金类别。为了方便展示，人们可以通过官方发布的公募基金资产规模表来查看当前国内基金的具体分类以及各种类的规模。表 3-1 所展示的是截至 2023 年 10 月底我国公募基金市场中各细分种类基金的市场规模。

表 3-1　2023 年底我国市场各类型公募基金规模明细

类别	基金数量（只）（2023/12/31）	份额（亿份）（2023/12/31）	净值（亿元）（2023/12/31）	基金数量（只）（2023/11/30）	份额（亿份）（2023/11/30）	净值（亿元）（2023/11/30）
封闭式基金	1354.00	36 004.04	38 026.92	1344.00	35 488.28	37 500.79
开放式基金	10 174.00	228 130.73	237 966.03	10 047.00	226 468.55	237 029.58
其中：股票基金	2274.00	26 485.14	28 342.41	2230.00	25 603.58	27 766.49
其中：混合基金	4942.00	36 503.68	39 533.25	4901.00	36 312.83	40 211.39
其中：债券基金	2306.00	47 680.04	53 150.93	2265.00	44 265.13	49 570.26
其中：货币基金	371.00	112 241.51	112 769.62	371.00	115 340.49	115 464.96
其中：QDII 基金	281.00	5220.36	4169.82	280.00	4946.51	4016.49
合计	11 528.00	264 134.77	275 992.96	11 391.00	261 956.83	274 530.38

来源：《公募基金市场数据（2023 年 12 月）》，中国证券投资基金业协会，2024。

从此表中，我们可以看到2024年的三个趋势。

1. 开放式基金的规模已经远超封闭式基金，这是市场自然选择的结果，体现出开放式基金在流动性和灵活性上的优势。
2. 每种基金的净值数额代表该种基金的规模大小。当前货币基金的规模最大，其次是债券型基金。
3. 截至2023年年底，我国市场上的公募基金资产净值已经达近27.6万亿元，基金数量已经超过1.15万只。这是什么概念呢？我们可以以A股作为对比，万得数据显示，截至2023年11月初，上交所上市公司总市值约50万亿元，居全球第三。而A股上市公司的总数则只有5000多家。可见，虽然规模上公募基金还差股票市场很远，但在标的物的选择范围上，公募基金产品数量已经远超股票数量，这让很多致力于从股市转移到公募基金投资上的人更加难以选择。

在开放式基金中，可以看到股票、混合、债券、货币和QDII这些专有资产类别的基金。分属这些类别之下的基金就是主要投资于这些资产标的的基金。比如股票基金、债券基金、货币基金就主要分别投资于股票、债券和货币类资产，这很好理解。但请注意股票基金中的资产也可以不仅包括股票，资金配置在股票的比例只需在80%以上即可，同理，债券基金中债券资产的比例在80%以上即可。而混合基金和QDII基金稍微复杂一些，需要特别解释一下。

混合基金所配置的资产包括股票和债券等不同资产，采取灵活的策略。通常混合基金按照资产配置的不同可以再被分为偏股型、偏债型、股债平衡型和灵活配置型。其中偏股型混合基金中的股票下限是60%；偏债混合基金中的债券资产需要大于等于60%。

QDII **基金**最大的特点则是可以进行国际市场的投资。其可以投资的标的主要是国外市场的股票（包括美国、欧洲、亚太地区等）、债券、货币类资产以及部分衍生品和结构性投资产品。简单理解就是 QDII 基金中的资产可以包含广泛的资产种类，不同地方在于所投的资产以海外市场上的品种为主。有些主营业务在中国的大科技企业（比如互联网巨头腾讯、阿里、百度、京东等）都是在港股或者美股市场上市交易，投资者可以通过 QDII 间接投资这些股票。

货币基金是重要的短期理财工具，作用类似于大额存单。货币基金是一种保守型投资，具有稳定和易于存取资金的特点，是那些希望保住本金的人的理想选择。作为安全等级的交换，货币基金的回报通常低于债券基金或者股票基金。虽然货币基金被认为更安全、更保守，但它们并不像许多银行大额存款那样会得到银行基于法律规定的责任的兜底保障。我们须知即便风险很低，投资货币基金依然可能会造成损失。

不管如何分类，要记住，公募基金和 ETF 的本质是依照法律规定，将分散在投资者手中的资金集中起来，委托专业投资机构进行投资管理。专业的投资机构被称为基金管理人，收取费用来受托管理投资者的资金，并不承担投资的风险，且他们有义务定期向投资者公布基金投资的运作情况。这两点和银行存款有本质不同，银行对存款只有法定的保本和付息责任，银行也没有义务披露存款的运营情况。

公募基金的种类和投资技巧还远没有这么简单。以债券基金为例，如表 3-1 所示，截至 2023 年 12 月 31 日，市场上债券基金的数量已经突破 2300 只。其中按照投资资产是否单纯为债券，又可以细分为纯债基金（不投资任何股票等权益类资产，也不参与可转债等投资）和混合债基（注意它和偏债型混合基金的区别）。混合债基可以参与股票、可转债等投资，但比例不能高于 20%。

混合债基又可以再被细分成混合一级债基和混合二级债基。前者主要通过新股申购（仅网上）、参与增发、可转债转股等方式投资股票市场，而不直接从股票二级市场参与投资，股票仓位上限10%；后者则可以直接通过二级市场参与股票等权益类资产的投资，对于股票的投资形式更加灵活，股票仓位上限20%。

由此，读者大致上可以把包含债券的基金再次分为纯债基金、一级债基、二级债基，这三类的风险特征和历史收益都不同。理论上，纯债基金的风险相对较小，而一、二级债基由于力求在获取债券收益的基础上再进一步，风险也会整体高于纯债型基金。

此外，按照久期长短，还可以将纯债基金分为长债和中短债。久期的概念过于学术，我们普通投资者不用刻意去理解。还有秉持被动投资理念的各类债券ETF，通常还分成利率债ETF（追踪国债指数、证金债指数等）、信用债ETF（追踪可转债、公司债和短融等指数）。

债券基金还有高、低流动性之分。高流动性的债券可以在市场波动时迅速出售，而且一般不会大幅度折价。中短债基金和一些被动投资的债券指数基金（如债券ETF）都是流动性较好的债券基金。这些债券基金的价值在于，当股票市场暴跌时，投资者可以卖出手中持有的这些债券基金产品，在低价位买入更多的股票，以此来进行再平衡操作。而当我们穿透中短债基金和债券指数基金后，这些基金所持有的债券资产还是那些风险较低的国债、央票和优质企业债等。

面对庞大的债券基金数量和五花八门的细分类型，很多人都会发出感叹，如何才能选出适合自己的债券基金呢？再加上分类更为多元的权益类基金，整体上，普通人要成功实践基金投资的难度是不亚于投资股票的。

各位在继续学习如何配置“后袋”资产前，必须牢记公募基金投资的复杂性，不可掉以轻心。那么是否有捷径可走呢？其实也是有的，但这里先按下不表，在真正开始建立人生的第一个资产配置组合前，读者还需理解分散化和长期主义这两个重要的概念。

扩展阅读

关于公募基金的复杂性，首先可以从 2023 年 A 股市场的起伏看出来。大量公募基金投资于股市，而 2023 年股市的整体行情非常不好，各基金当年的盈利状况普遍较差，真正能赚钱的权益类基金是少数。

很多人厌恶风险，索性离开这个市场，再不去体验这份激情与刺激，也算能睡个安稳觉。而有些人则孜孜不倦，在数千只基金中寻寻觅觅，尝试找到能够抵御波动和起伏且又能带来更佳收益的产品。

其中有一种基金类别似乎可以在低迷的股市行情中带来些许机会，它就是红利低波策略基金。

然而这类基金本身的策略也非常难以理解。所谓红利低波策略，顾名思义，需要分别理解红利和低波这两组词。红利就是投资那些连续分红、股息率高的股票，这类股票有时因为高分红的特性，能够达到让投资者充分抵御其自身价格下跌所带来的损失，出现即便在一段时间里股价下跌，但由于分红收益，基金实质上赚钱的效应。

低波则是投资那些波动率较低的股票。波动率是衡量特定证券或市场指数收益分散程度的统计指标。在大多数情况下，波动率越高，证券的风险就越大。波动率通常用同一证券或市场指数收益之间的标准差或方差来衡量。较低的波动率意味着证券的价值不会剧烈波动，而是趋于稳定。

为了筛选出符合以上两个标准的股票，那些以被动投资为理念的经理可以选择追踪、复刻红利低波 100 指数的策略，以构建红利低波 100 指数基金，而红利低波 100 指数又具备调仓频率高等特点。

以上这些，如果不是吃金融这碗饭的专业人士，而是类似钱小白那样的普通人，怎么可能轻易了解透彻呢？很多人甚至不知道有红利低波策略基金的存在。

第五节　分散化和长期主义的妙处

阅读本章到这里，读者或许已经可以总结出这样一个观点：配置“后袋”资产的核心理念其实在于分散化和长期主义。事实上，大卫·史文森关于资产配置最重要的理念也是分散化和长期主义。可能很多人读到这里只有一个模糊的概念，知道投资要有耐心，长期主义是对的；也知道不要把鸡蛋放在同一个篮子里，分散化是有道理的。但真要我们说出这两个概念的所以然来，大多数个人投资者可能就会一头雾水了。

其实，配置中的分散化和长期主义都有非常精确的统计学理论支撑，是非常重要且非常科学的两个重要思路。

先来看分散化。从本质上讲，分散化是指在一个资产组合中（类似“后袋”这样的配置资产总账户）限制对任何一种资产的过于集中的投资，旨在帮助减少投资组合的长期波动性。所谓长期波动性其实就是长期风险的意思，读者不需要过于拘泥于计量经济学中的专有名词和解释。

如前文所述，当代主流金融学说告诉人们，在投资组合中平衡风险和回报的一种方法是分散化。这一策略会包含许多不同的资产组合方式，但其根本出发点是将个人投资者的投资组合分散到多个资产类别中。因为分散投资有助于降低投资组合的风险和波动性，从而减少令人头疼的大起大落的频率和严重程度。我们需要分散投资，以最大限度地降低投资风险。如果我们对未来了如指掌，那么每个人都可以简单地选择一项投资，只要有需要，这项投资就会表现完美。**然而由于未来具有高度不确定性，各类金融市场总是在不断地变化，因此正确做法是将投资分散到不同的公司和资产中**。

不管是史文森，还是我的前主管凯利，当今投资界从业者的资产配置哲学主要是承接现代投资学中最重要的投资组合管理学说及其所包含的有效市场理论（Efficient Markets Hypothesis）、有效前沿理论（Efficient Frontier）、资本配置线（Capital Allocation Line）、资本市场线（Capital Market Line）。

简单来说，有效前沿理论告诉人们，利用不同类别资产组合的风险相关性原理，通过降低不同类别资产组合在一起的风险相关性，就可以大大降低投资组合的整体风险。资本配置线关注的则是无风险资产和多个风险资产构成组合的问题。而在这两个理论的基础上，我们就可以找到一个最优的投资组合（风险和收益的平衡最优化），这个最优的投资组合就会落在资本市场线上。

在上一节中，读者已经对几种典型的资产类别有了一定的认识，分散化其实就是那些机构投资者在这些资产类别的研究和认识上进行的。**分散投资的关键之一是拥有在类似市场中表现不同的投资品种。例如，当代金融学的普遍共识是，当股票价格上升时，债券收益率通常会下降。机构投资者称这一现象是"股票和债券的负相关性"**。

虽然在一个拥有较完善分散化的投资组合中，可能并不是每一项资产都是负相关的，但分散投资的目的是购买市场涨跌不同步或者相反的资产，以取得更好的风险和收益关系。比如，在少数情况下，股票价格和债券收益率走势相同（双双上涨或双双下跌），通常来说，股票是各类投资组合中风险最大的资产，但其有机会在长期内获得更高的收益率，也就是说，股票的涨跌幅度要比债券大得多。

如果你是一家头部机构投资者中负责配置资产团队中的一员，要如何制定分散化的策略呢？其实，机构投资者中的研究人员会有很多不同的分散投资策略可供思考，这些分散投资策略的共同点都是将资产分配进一系列不同的资产类别中。但每个资产类别中其实都包含了很多细分类别，这是普通人无法完全理解的。

例如，股票和债券都是配置“后袋”时最重要的资产类别。通常来说，一个合格的投资咨询师会告诉人们，关于资产配置，投资者要做的最关键决定就是要分别投资多少资金在股票和债券上。通常来说，对于年轻的个人投资者，由于股票的长期表现优于债券，一般建议将更多的资金配置在股票上。因此，年轻投资者被建议的长期资产配置组合（“后袋”资产组合）很可能是将 70% ~ 100% 的资产配置在股票上，剩下的放在债券上。

然而，当个人投资者已经临近退休时，通常会将投资组合更多地转向债券。虽然这种变化会降低预期收益，但随着临近退休人员开始将投资转化为退休后的固定收益，这种变化也会降低投资组合的风险，更加稳妥。

表 3-2 展现了三种简单的资产配置策略，以股票和债券资产的组合为主。数据都是基于真实历史统计的结果，时间区段是 1926—2022 年。其中，国外股票、美国股票、货币型理财和美国市场债券都以相对应的基准指数作为代表进行统计。虽然历史平均数不一定完全会重现，但对预测未来具有一定的参考价值。**从结果可见，一旦投资者调整股票和债券不同资产的配置比例，所能够收获的收益和风险都会发生重大变化。**

表 3-2　三种简单的资产组合配置策略

资产配置策略	组合 A 6% 国外股票 14% 美国股票 30% 货币型理财 50% 美国市场债券	组合 B 15% 国外股票 35% 美国股票 10% 货币型理财 40% 美国市场债券	组合 C 25% 国外股票 60% 美国股票 0% 货币型理财 15% 美国市场债券
平均年化收益率（真实）	5.75%	7.74%	8.75%
历史最差连续 12 个月收益	-17.67%	-40.64%	-52.92%
历史最好连续 12 个月收益	31.06%	76.57%	109.55%

可以明显看到，组合 A 最为保守，组合 B 稍显激进，组合 C 风险最大。虽然三种资产配置策略的平均年收益相差并不大，但以历史最差 12 个月的收益看，组合 C 亏损超过 50%，是很多投资人难以承受的损失。毕竟谁都不愿意一年内“后袋”缩水一半吧。

资产历史真实数据再次提醒我们，一般来说，在资产类别中，股票比债券或货币类风险更大，股票投资可能会因上市公司自身、地缘、监管、市场或宏观经济的不利因素而大幅下跌。债券市场的风险也不低，通常与借款主体的违约概率和一系列宏观因素相关。收益较高的债券风险也会较高。此外，外国股市特别是新兴市场股票的收益和风险也通常要高于美国股市。最简单的资产配置就是围绕着股票和债券的不同配置比例来进行的。

上述三种配置策略只是最简单的案例展示，分散化的门道其实绝不仅仅如此肤浅。通过上一节我们已经知道，股票中又可细分为大盘股和小盘股，国内和国外股票，价值股和成长股等；而债券则可细分为信用债和利率债，还能进一步细分为国债、投资级债券和“垃圾”债券等。由代表这些细分类别的基准指数历史收益和风险的勾稽关系可知，这些细分类别之间的相关性往往差异非常大，比如可能股票中的价值股要搭配债券中的高收益债券才能达到最佳平衡。如果笼统地说要把"后袋"中的资产配置多少到股票、配置多少到债券，其实就完全忽略了这两个资产类别中的那些细分类别的功能。

又比如，股票也可以按照行业和板块进行分类。例如，美国标准普尔 500 指数由 11 个不同行业的公司组成。有机构做过统计，在 2008 年金融危机中，这 11 个不同行业的股票所受到的损失非常不同，如果可以按照行业和板块进行分散化调整，也将为人们的"后袋"资产平衡好风险和收益。这些都是非常艰难的课题。

首先，作为普通投资者来说，既然大多数人不会去考注册金融分析师或者研究投资学理论，也就不需要去深入理解上述这些理论的内涵。要做的就是站在巨人的肩膀上，利用他们的研究成果配置"后袋"中的资产。我们简要理解现代资产组合管理的目的其实在于建立一个观念：**经过科学的研究和配选之后，优秀的机构投资者是完全有可能获得一个收益和风险关系接近完美平衡、各方面表现接近最优的资产组合的。这为人们提供了利用那些顶尖机构投资者资产配置成果的依据**。

其次，这个接近完美的资产组合必然包括了多种资产以及每个资产类别中多种多样的细分标准，这样的分散化效果才能帮助投资者规避投资组合中的整体风险。

最后，至于到底应该如何进行分散化，个人投资者在没有经过专业训练的前提下，是非常难以掌握的。还是那句话，普通人要做的就是站在巨人的肩膀上，经过筛选和选择，同时利用好的机构投资者的合适的研究成果。

最后一定要记住，分散化并不能确保"后袋"资产的收益或避免亏损。分散化的主要目的不是最大化收益，它的主要目标是限制波动（风险）对投资组合的影响。此外，还需知道，在任何特定时间，将资金集中于数量非常有限的资产类别的投资者的表现都可能会优于坚持分散投资的投资者。

比如，股神巴菲特就不是分散化的信仰者。在数十年的投资生涯中，他几乎只投资股票，伯克希尔的资产组合也只是在众多股票中选择价格合理且有增长潜力的股票，并按照研究分配给每只股票投资金额。这种资产配置的逻辑显然和凯利或史文森的理念正好相反：巴菲特是从个股研究出发决定每只个股的投资金额，将所有股票投资起来后自然而然就成了一个全部都是股票的资产配置组合。而凯利和史文森则是预先研究好了在股票、债券以及其他各类资产中的分配比例，然后利用投资基金或者基准指数执行资产的具体分配。

从投资哲学派别上看，巴菲特和芒格与史文森和凯利似乎分属两个派别，前者以价值投资思路和对企业基本面分析为根本，试图找出一些内在价值远高于股价的股票来盈利。价值投资思路和企业基本面分析往往包含了企业策略、商业运营、产品、营销、管理人员水平和行业等大量的变量，是一种比较主观的投资策略。而后者更加注重以统计学的思维来测算投资的风险和收益，并可以被推广到除了股票以外的大量资产上，进而对不同种类资产的配置也可以起到指导作用。当前不管是在华尔街的机构投资者还是在各大商学院的课程中，后者都占据主流地位。

虽然是这样，但对于个人投资者来说，没有必要去参与争论两个派别的孰优孰劣。因为这本来就是无意义和无解的问题，我们要做的是利用各方的优点，既要站在史文森和凯利这样机构投资中杰出人物的肩上思考问题，也要站在类似巴菲特和芒格这样拥有巨大成就的投资巨人的肩上望向前方。

在配置“后袋”资产的重大事项上，当代机构的主流意见还是以史文森和凯利这个派别的方法论为主。首先，因为普通人不是股神，不具备很多细节性的投资分析能力，而史文森和凯利所代表的机构投资者的分散化资产配置更加以量化为基础，并且更加容易被个人投资者所参考。其次，有很多研究者或者媒体都做过统计，随着时间的增长，分散化的资产配置组合的表现很可能会优于大多数更为集中的股票投资组合，这些结果更加凸显了那些只押宝于非常有限的几个投资类别甚至个别股票的投资者所面临的巨大风险。然而，其实在风险的判断上，两个派别的理解是不一样的，本书后文会再详细说风险。

有一点能确定，长期主义在分散化资产配置过程中扮演了极其重要的作用，**有了长期主义的加持，分散化才能真正发挥出最大的效力**。同样，长期主义思维也能获得巴菲特和史文森两种理念的共同支持。那又该如何具体理解长期主义呢？

长期主义是一种视野，不仅仅涉及人们构建“后袋”资产配置模型过程中的投资期限问题。关于投资期限，前文已经提过，以世界知名的机构投资者视角来看，这些机构的投资期限一般以 5 年、5 ～ 10 年和 10 年以上来划分。因为这些机构的投资期限划分本来就是面向个人投资者的，这些划分方式也成了个人投资者可以借鉴的投资期限方案。

上述这些投资期限的划分主要是为了计算出一个预期的合理投资收益和风险作为人们资产配置的目标。所以在“后袋”资产的配置过程中，一旦投资目标确定了，投资期限也就确定了，不需要再去纠结。真正要考虑的是个人未来的大额支出、养老、养育孩子以及购房等问题，在时间节点上能否很好地匹配“后袋”资产的配置。

举一个简单的例子，假设知道某一个资产在未来 10 年里的年化收益很可能达到 12%（这肯定是非常不错的），于是，某人决定将“后袋”中 20% 的资金都投进去。然而这项投资有个前提条件是，我们投进去的钱必须一次性投入且保持 10 年不动，才能达到这个收益率。如果这个人在投资 5 年内就希望赎回投资，那么年化收益率可能只有 2%。显然，这个收益率并不比银行理财好多少，风险却比银行理财高得多。此时就应该考虑这样一个问题：未来 10 年内，是否会动用 20% 以上的“后袋”资产去做一些事情呢？比如如果计划未来 10 年内肯定要购房，所要动用的资金大概率会涉及“后袋”资产中的至少50%，那么，显然这个资产就不应该被选择了。

同样，在配置“后袋”资产时，如果在未来1～2年里会有较大概率的大额支出，那么这部分资金应该被留存在现金类的银行理财、货币型基金或者其他高流动性的资产类别中，虽然投资收益可能不会很高，但方便随时取出。

除了以上所展示的短期内（1～2年以及5年内）会有大额支出的特殊情况，如果人们计划的投资期限是5年、5～10年以及10年以上三种情况，那么应该如何配置自己的“后袋”资产呢？

答案也非常明确，按照现代金融投资组合管理的理论，可以将“后袋”资产大致分为两个部分，按比例组合而成：（一）无风险资产，比如现金类理财、货币型基金；（二）风险性资产组合（也就是本章中一直在讨论的由核心投资资产按比例组成的资产配置组合）。“后袋”中这两大类资产随着投资期限变化而此消彼长：随着投资期限增长，“后袋”资产中的风险性投资组合的比例可以逐步提高，无风险资产比例可以逐步降低；相反，随着投资期限的减少，后袋资产中的无风险资产比例需要逐步提高，风险性资产比例则需要逐渐降低。

我把这个思路称为“跷跷板”原理。如图3-6所示，随着不同的投资期限，人们应该调整“后袋”中两大类资产的占比，这才是一个健康、合理的资产配置组合。

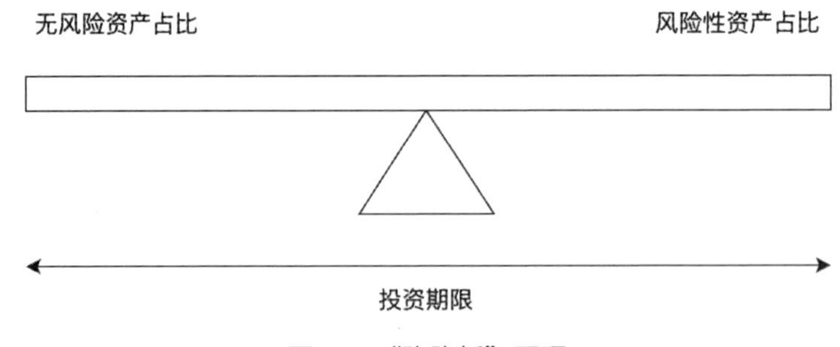

图3-6 “跷跷板”原理

长期主义告诉人们，对于自己构建的一个投资组合，需要有足够的耐心，对于一时的投资收益落差或者投资目标偏离，不要用短期思维做决策，而是用长期的眼光来看待。**这也提醒我们，一旦经过慎重的研究制定了属于自己的“后袋”资产配置策略，就要稳定地执行下去，而不是朝令夕改。**

长期主义最根本的是要坚持个人配置“后袋”资产的初衷：在经过慎重研究，确立了投资目标和远期支出计划，并配置好了“后袋”中的资产后，就不要再去做颠覆性的变化。比如，假设在较短时间内，沪深 300 指数下跌了超过 10%，“后袋”中又在这个指数的代表基金里配置了大约 50% 的资金，很多人是否会觉得损失太大了，得赶紧把钱取出来呢？反过来，有些人可能会觉得，短期内跌了 10%，那肯定要涨上去了，是否可以改变“后袋”中的资产比例，将其他资产赎回并大量购入沪深 300 呢？其实这两种思路都是长期主义的反面例子。

在巴菲特众多成功投资的案例中，基本都是长期持有，不因一时下跌就慌忙抛出，而是静静等待股票价格到达其心里的最高点，或者在企业运营或市场环境发生重大变化时再抛售变现。其中他对可口可乐的投资最能说明问题。巴菲特在 1988 年首次购买可口可乐的股票，第一次购入的金额就超过 10 亿美元，相当于可口可乐公司 6.2% 的股份。这次购买使可口可乐成为当年伯克希尔投资组合中最大的单笔持仓。①

30 多年后的今天，可口可乐的股票仍然是伯克希尔公司最大的仓位之一。根据该公司 2023 年 6 月底披露的持股详情，伯克希尔持有可口可乐的股份比例已经达到了 9.2%，总价值超过 230 亿美元。伯克希尔是可口可乐的第一大股东。近 30 多年来，伯克希尔不但没有卖出过可口可乐，还屡次提高投资的金额。

如图 3-7 所示，1988 年伯克希尔购入可口可乐股票时的成本是 2.73 美元 / 股，

---

① 引自《从股息复盘巴菲特投资可口可乐》，证券市场周刊，2023。

到了 2023 年 11 月底，可口可乐的价格在 58 美元 / 股出头一点，再加上可口可乐每年的分红非常稳定和优渥，可想而知巴菲特能赚多少，但他依然仅仅享受可口可乐每年的分红，并不希望出售任何股票。在持有的 30 多年中，可口可乐股票到过 65 美元 / 股左右的高点，也在 2020 年 1 个月内暴跌过 30%，但巴菲特岿然不动。

图 3-7　可口可乐股价历史走势

来源：纽约证券交易所

要坚守长期主义并不是一件容易的事。有些企业高级管理人员会由于业绩的巨大压力，必须在 2 年内拿出较好的业绩数字，所有的决策都必须屈服于这种短期主义的压力。如果我们有机会对全国范围内的企业高管进行调查，我认为所占比例是不低的。短期主义是伴随短期利益而生的，且具备强大的生命力。

践行长期主义不容易，人们有时候需违反自己的意志行事，有时候还需要反抗促使短期主义的压力。要做到这些，可能需要学学那些倡导者型人格的心态。所谓倡导者型人格，就是指那些特别坚持理想、原则的人。这种性格类型的人关心的是事情的本真（投资目标），直到完成了他们认为正确的事情（坚持资产配置），才会满足。他们对自己的理念有着清醒的认识，他们在工作中兢兢业业。许多倡导者型的人认为，生活要有一个独特的目标。生活中有意义的事情之一就是为了这个目标锲而不舍，孜孜不倦。遇到困难（资产短期剧烈波动），也不能放弃。

最后，长期主义也可能有误区，需要读者注意。以下是比较常见的两大陷阱。

1. **长期主义不代表不会变通，僵化行事**。在投资组合构建后，一旦出现突发或者剧烈的资产变化，是需要我们启动再平衡策略的。此外，随着市场、宏观或者任何永久性和根本性的变化发生，我们必须有清醒的认识，及早改变去迎合变化，而不是坐以待毙。如何判定永久性和根本性变化是一个非常艰巨的难题，需要我们自己在生活和投资实践中不断摸索。
2. **运气很差，说不定变化一下会转运？**很多人在运营一个投资组合时，或者在从事一项工作时，很可能会因为一时运气不济，就想换一种投资组合或者换一个工作试试看，觉得说不定会有好的运气。这些人的做法其实忽略了长期主义对运气的影响。

任何投资活动中肯定会有运气的重要作用。或许很多人都会秉持“只要努力，就能收获”“够聪明，学习和工作成绩很容易提高”的理念，然而当一个人积累了更多阅历后，或许还会得出另一个令部分人惊讶的结论：有时候遇到的时机可能才是关键的因素。

在人的一生中，有许多自己无法控制的事情。比如出生的地方、家庭背景以及个人运气，这些因素叠加起来往往会对人生起到决定性的影响，有时候个人的智力和能力只能起到锦上添花的作用。当然，此类观点并不绝对，更不能以此作为借口而放弃努力。在这里我想说的是："后袋"保值、增值的成功也有时机的功劳。

很多人都忽视了长期主义对提升机遇的重要性。"很多好运的到来，都需要长时间的等待。"**这句话可以提醒人们，用长期思维做投资或者坚持配置资产，可能才会遇到那些投资领域中的所谓时机或者运气**。就好比巴菲特投资可口可乐的 30 多年中，许多加仓的动作都是在可口可乐股价出现不正常低价的某个时间点进行的，都类似一种机遇。这样才使得他的综合收益达到当今的高点。如果不是连续数 10 年持续关注和研究可口可乐，他又能如何抓住这些机遇呢?

扩展阅读

在长期主义的视角下，将资产配置进基金的优势还能从税率红利上得到体现。当前我国个人投资者买卖基金、基金分红等交易行为都是不需要交税的。只有基金投资组合里的股票分红、企业债券的利息收入会扣个人所得税。这些税收由基金公司统一帮个人缴纳，然后将税收统一扣除。相对于个人投资股票（卖出股票）时需要交纳证券交易印花税，投资时间越久，基金投资者享受到的税率红利将更多。

第四章

构建“后袋”配置模型①

① 本章展示的所有配置案例仅为配合讲解“后袋”配置模型的具体应用过程，不构成投资建议；本章所列举的数据均来自各投资机构、指数和各类资产公开披露的历史数据；所有涉及数据分析的内容均基于往年真实数据，不用于对未来任何收益和资产价格趋势的预测。

第一节　人生的第一个资产配置组合："后袋"配置模型

再探耶鲁大学捐赠基金资产配置策略

大卫·史文森在他所撰写的《机构投资的创新之路》中指出，投资组合的构建过程要以分散化的思路为主基调，通过对核心资产的多元化配置，同时结合个人的实际情况（个性化的投资目标、投资期限等），确保每种资产类别的占比能够让整个"后袋"资产的收益和风险达到一个最好的平衡。当然，还需坚持长期主义立场，一旦做好了完善的资产配置规划，就不能随意改变了。

史文森认为，每种核心资产的占比至少需要在 5% ~ 10%，每种核心资产的配置范围最好为 25% ~ 30%。此外，按照史文森的资产配置思路，权益类资产应该被赋予最核心的地位，应该做人们"后袋"资产中的"老大"。关于这样做的理由，下一节会做具体论述。

凯利是史文森的徒弟，她在培训我进行资产配置研究的过程中，是以史文森著作中的资产配置方法为基础的。她曾要求我仔细阅读耶鲁大学捐赠基金的年度报告，尤其是其中关于具体资产配置的部分，来帮助我研究资产配置的核心要义。表 4-1 是该基金 2020 年披露的资产配置大类情况。

表 4-1 耶鲁大学捐赠基金资产配置表

资产大类	目标占比	特点
绝对收益	23.5%	另类投资
美国股票	2.25%	权益类
海外股票	11.75%	权益类
杠杆收购	17.5%	另类投资 / 流动性低
自然资源	4.5%	另类投资 / 流动性低
不动产	9.5%	另类投资 / 流动性低
风险投资（VC）	23.5%	另类投资 / 流动性低
现金以及债券	7.5%	现金 / 债券类

来源：耶鲁大学捐赠基金 2020 年年报

首先，耶鲁大学这份资产配置表和该基金在 20 世纪 90 年代的配置表完全不同。唯一比较类似的是绝对收益依然占据重要的一席之地，但 20 世纪 90 年代初期，耶鲁大学捐赠基金所管理的资产中大约有 65% 的资金被分配到了美国股市和美国债券中，到了 2020 年，投入美国股票、现金以及债券类资产的总额占比目标仅仅为 9.75%，已经不到 1/10。大量资产被投入外国资产以及可能说不清资产具体属地的另类投资中去了。

其次，长期以来，耶鲁大学捐赠基金都致力于将大约 50% 的资产配置入流动性很低的私募股权投资、杠杆收购、自然资源、不动产中。造成如此配置资产的根源其实还是在于灵魂人物史文森的投资理念：以权益类作为资产配置的核心。耶鲁大学捐赠基金进行了某种变通：以追求类似权益类收益率的资产作为主要配置的目标资产而不一定必须都是权益类资产。这就是为什么该基金会将那么多资产配置进绝对收益、国内 / 海外股票、VC、杠杆收购、自然资源和不动产资产中。

该基金大量配置另类资产类别的原因是这些资产的回报潜力和多样化能力比较强。2020 年该基金投资组合的实际预期回报率要明显高于 20 世纪 90 年代，但风险波动率仅高出一点。另类资产就其本质而言与传统的有价证券（股票、债券）相比，定价往往没有那么明确，这就为耶鲁大学捐赠基金寻找其中的定价空子或者逐利机会创造了条件，这也是该基金资产能否保值和增值的关键：**充分利用流动性差所带来的高预期收益，以及非有效市场的获利机会，追求类似权益类资产的收益**。

最后，耶鲁大学捐赠基金显然不是固定收益（债券类）和现金类资产的拥护者。因为相比 2020 年度报告中在这个领域实际配置 13.7%，耶鲁的目标配置份额仅仅是 7.5%，这多出来的 6.2 个百分点的资产预计将被配置入绝对收益、杠杆收购等另类资产中。换句话说，耶鲁大学捐赠基金计划在 2020 年后继续降低固定收益和现金类的资产比例。

道理很简单，这些资产的预期收益率相对于其他几种资产来说差距较大，而且类似美国国债这样的资产已经非常有效（也就是很难找到定价背离内在价值的机会），很难通过基金经理个人的能力获得超过市场基准的收益。耶鲁大学捐赠基金还会配置一定固定收益（债券类）和现金类资产的理由非常简单，这类资产不仅和其他另类资产的关联性不高（分散化优势），而且可以帮助抵御突发的金融危机（流动性优势）。但显然对于耶鲁大学捐赠基金来说，这些优势并不那么具有吸引力。

讲了那么多的配置策略和思路，耶鲁大学捐赠基金通过何种途径具体实施配置和评价呢？其实就和普通人配置资产差不多，主要通过投资对应的基金进行分配（这点有点类似于 FOF），并且采用对应的基准指数进行衡量。

比如，对于美国股票和海外股票，耶鲁大学捐赠基金主要将资产配置进主动管理类的基金公司，利用基金经理的能力圈来找到市场失效的投资机会，并且尤其关注基金经理的研究能力和各地域、各板块、各行业的投资机会。在评价标准上，它对美国股票投资的收益参考指数是威尔希尔5000指数（Wilshire 5000 Index），而对于海外股票参考基准指数是按照区域和国别区分不同的摩根士丹利国际资本公司（MSCI）指数。耶鲁大学捐赠基金追求的年化收益率目标是超过基准指数。

世界主流的捐赠基金都采用耶鲁大学捐赠基金的资产配置方式，凯利所在的捐赠基金（也就是我的老东家）大致上也是按照史文森的思路和策略进行资产分配的，只不过具体资产的配置比例和具体基金的选择肯定不太一样。

到这里，读者终于可以分步骤打造属于我们个人的“后袋”资产配置模型了。首先需要确定“后袋”配置模型的两个要点：第一，通过投资代表性的基金来配置某个具体资产；第二，利用代表某一具体资产的基准指数作为评价配置基金收益的好坏标准。

然而，个人照搬耶鲁大学捐赠基金和我的老东家的资产配置方法显然也行不通。理由有三点：

1. 因为捐赠基金通常都会将很大比例的资产配置入绝对收益基金、对冲基金、PE/VC基金和固定资产基金等我们普通人无法接触到的资产。我们无法“抄作业”。
2. 即便是股票、债券和现金类等基金，由于我们个人精力有限、金融知识有限，也无法像这些机构那样有足够人力和物力在那么多基金品种中进行筛选。特别是对于主动管理型基金来说，由于表现和基金经理的个人能力直接挂钩，需要投资者花很大力气去判断基金经理的能力和基金的潜力。
3. 虽然大型捐赠基金每年都会披露年度报告，其中会有具体的资产配置比

> 例（见表 4-1），但是除了比例，具体被投入哪些基金了就属于相当机密的信息了。也就是说，我们虽然可以知道耶鲁大学捐赠基金 2020 年投了 21.6% 的资金到绝对收益类的基金中，但它到底投了哪些基金，对我们来说完全是一个盲盒。

本书第三章已经为我们提供了建立个人“后袋”资产配置模型的所有基础。**我们可以借鉴捐赠基金的资产配置方法，虽然这些机构的投资目标、投资能力圈和投资期限都和我们个人投资者的情况不尽相同，但普通人依然可以从捐赠基金极度注重资产配置，通过投资代表各类资产的基金进行资产配置，以及利用基准指数作为业绩判定依据中得到帮助。在整个过程中，要以分散化和长期主义作为指导思想。**

前文已经表明，投资流动性较低，风险、管理费用和收益都相对较高的另类资产（比如对冲基金、杠杆收购基金、绝对收益类基金、PE/VC 等）并不是大多数普通人可以做到的。这类基金基本是主动管理型，基金经理的能力和研究实力与基金的历史业绩强相关，像钱小白这样的普通人并没有能力去筛选为数众多的基金经理和基金。

此外，即便是较为常规资产的基金类别（比如股票基金、债券基金或者货币基金），如果通过主动管理进行投资，普通投资者也没有能力去筛选，即便可以做出一些决定（比如跟随投资明星基金经理的大流），效果也很可能不好（比如 2023 年我国市场上主动管理权益类基金的惨痛下跌）。

另外，以史文森和凯利为代表的主流捐赠基金的决策者几乎非常一致地认为投资被动投资基金是一种非常明智的方法，可以管理资产配置中那些拥有较好流通性的资产类别。股票、债券和货币类资产正是此类资产。

基于此，“被动投资股票和债券类的指数基金 + 现金类理财”可能才是个人较好的资产配置方式。

被动投资的优势

史文森对于美国市场上的主动管理型公募基金的观点也是偏向负面的。一方面，在他主导耶鲁大学捐赠基金的数十年里，从公开披露的投资策略文件中，几乎从没有配置过显著的资金到主动管理类共同基金中；另一方面，在他的著作中，他曾经明确表明，美国共同基金整体的业绩在1980年到2000左右严重低于主要股票指数基金（指数基金也是一种被动投资的重要标的，和ETF在投资策略上类似）。

在华尔街的资管界，几乎人人都知道史文森对美国市场中主动管理类的公募基金颇有微词。凯利毕业于耶鲁大学的管理学院，也是史文森这一思考脉络的拥护者。他们认为，除了历史业绩可证明孰优孰劣，这些主动管理类的基金更多的是以收取管理费来实现盈利的，而并没有一个机制可以将他们的利益和基金投资者需要基金盈利的目标完全绑在一起。这也是美国为数众多的主动管理共同基金没有办法取得超过市场表现的额外收益的原因之一。

换句话说，一只主动管理共同基金规模越大，投资人进出资金越频繁，基金公司和基金经理能够收取的管理费就越高。这和以盈利绑定费用多寡的很多对冲基金或者私募股权投资基金非常不一样，也和被动投资理念下的ETF和指数基金有很大不同。对冲基金和私募股权投资基金因为门槛高、风险高等特点，不适合我们普通人。所以从这个指导思想出发，我们可以考虑将配置“后袋”资产的重心放在以ETF和指数基金为主的被动投资上。

再来复习一下ETF和指数基金的特点：通常由基金管理公司管理，基金资产为一篮子股票组合，组合中的股票种类与某一特定指数（如上证50指数）包含的成分股相同，股票数量比例与该指数的成分股构成比例一致。这让这类被动投资的基金具备了费率低的优势。ETF追求的是完全复制某一个指数的走势和风险，所以不像主动管理类的基金产品那样需要基金经理的“超市场能力”，也就不需要那么高的管理费。

上证 50 指数包含中国银行、中国石化等 50 只股票，上证 50 指数 ETF 的投资组合也应该包含中国银行、中国石化等 50 只股票，且投资比例同指数样本中各只股票的权重对应一致。换句话说，指数不变，ETF 的股票组合不变；指数调整，ETF 投资组合要作相应调整。鉴于各类指数包含多元和广泛的标的，**ETF 和指数基金又是完美的分散化投资工具，所以投资这类基金的风险能在一定程度上得到分散**。

按照当前金融学主流的“均值回归”和“有效市场”等理论，当一个国家的投资市场（以股票为代表）发展到一定程度后，市场上的透明度、法规政策、投资者的理性程度和行业中的竞争态势都会使得股价严重偏离企业基本面的概率降低，这在理论上会导致某个资产的指数（比如股票大盘指数）走势更符合宏观经济、行业发展和企业自身经营的情况，而不是过多地被投机和资本炒作所绑架。

这就是为什么，在以美国市场为代表的全世界范围内，ETF 从 2000 年左右起，从名不见经传的一种新资产品种发展成了当今世界最热门、最有发展潜力的一种投资类型。贝莱德、先锋领航等一大批投资机构也因为在 ETF 领域的专注和专业而成为世界数一数二的资产管理机构。《中国基金报》援引晨星的数据显示，截至 2023 年年底，美国被动基金资产总规模为 13.293 万亿美元；同期，美国主动基金资产总规模为 13.234 万亿美元。美国被动基金规模超越主动基金规模，投资被动化再掀新高潮。美国的被动基金能够如此大规模增长，ETF 起到了决定性作用。截至 2023 年 12 月，美国 ETF 行业的资产规模达到创纪录的 8.12 万亿美元，ETF 过去 5 年吸引资金净流入达 2.5 万亿美元，同期，ETF 之外的被动开放式基金吸引基金流入为 3860 亿美元。

从 2023 年 11 月的数据看，全球 ETF 规模已达到 10.7 万亿美元，相比 2022

年年底增长7.6%。其中美国市场的ETF占全世界比重超过70%，超过7.5万亿美元，欧洲市场ETF总规模达到约1.6万亿美元，占比约15%，排在第二。[①] 截至2023年年底，据万得的数据，我国市场上的ETF规模接近2万亿元人民币。

ETF和指数基金等被动投资基金能够受到全球投资者的认可，并非只凭借以上这些理论特性，而是以历史数据说话的。市场上已经广泛存在对比ETF等投资与主动管理基金业绩的研究。在一篇题为《被动投资策略与有效市场》（Passive Investment Strategies and Efficient Markets）的论文中，作者比尔东·马尔基尔（Burton Malkiel）教授列举了1980年到1990年以及1990年到2000年这两个时间段内美国市场排名前20的主动管理型股票共同基金的年平均收益率。他发现，这20只基金在第一个10年中超过标普500指数的年平均收益率，但是在第二个10年中的年平均收益率却相对指数较低（我们可以把美国的共同基金大致上看作中国的公募基金）。

马尔基尔教授的研究成果指出，相对于投资追踪、复刻标普500指数的ETF或者指数基金，这些排名前20的主动管理型股票基金似乎并没有占据优势，那就更别提大量排名中游甚至靠后的主动管理基金了。

主动管理型基金业绩表现不尽如人意的另一大原因是在当今的成熟市场，大多数交易都是由专业人士（如基金经理）完成的，从本质上讲，大多数资金往来和资产价格变化主要都源自他们相互之间的交易。在大多数情况下，所有交易者都能获得相同的技术和信息，个别机构几乎没有任何信息优势可言。这就出现了零和博弈的问题，机构与机构之间总是互相“伤害”，各自的收益和损失都是建立在对方机构的损失和收益上，久而久之，几乎大多数的机构都无法产生超越市场走势的业绩。

---

① 引自《2023年前11月全球8000亿美元流入ETF，宽基ETF狂吸金》，格隆汇，2023。

股神巴菲特曾经不止一次提醒那些初级的投资者，权益类 ETF 是一种可观的被动投资方式，是保持个人资产价值的好途径。而且巴菲特经常称赞的投资并不局限于 ETF，而是涵盖了整体性的被动投资指数基金，除了各类宽基 ETF，也含有跟踪特定市场指数（如标准普尔 500 指数）表现的指数基金。很多投资界大咖都很看重低成本指数基金（包括 ETF）的性价比——业绩可能不输主动管理的对冲基金，管理费率还较低。

巴菲特在 2021 年伯克希尔股东大会上表示，最好的投资方式是通过指数基金，大多数投资者都能从购买标普 500 指数基金中受益。[①]

据《第一财经》引述巴菲特在股东信中的话，他曾经多次提到了指数基金。2013 年，他建议其妻子的资产委托人将 90% 资金投资于标普 500 指数基金。2017 年，这位“奥马哈先知”给投资者的一项建议是，“当数万亿美元由收取高额费用的华尔街人士管理时，通常是经理获得了巨额利润，而不是客户。大投资者和小投资者都应该坚持使用低成本指数基金。”

为何以选股和择时投资能力闻名于世的巴菲特很可能将自己留给后代的遗产完全托付给指数基金？其中的逻辑也好理解，巴菲特的后代中没有人有非常强的主动管理能力，因此费用低廉、复刻指数走势的被动投资基金成为具备优势的选择。

由巴菲特的话也能看出，美国主动管理类或者另类投资基金的费用太高且长期被外界所诟病。而指数基金费用较低，且长期业绩可能会好于那些收费更高但历史总收益率还是无法显著跑赢基准指数的主动管理类基金。《第一财经》报道显示，2024 年初，继美国被动基金规模时隔 4 年超越主动基金后，全球被动型基

① 引自《伯克希尔·哈撒韦公司召开 2021 年股东大会 巴菲特：最好的投资方式是通过指数基金》，央视新闻，2021。

金规模也在 2023 年首次超越主动基金。

把视线拉回到国内市场，2023 年堪称是国内主动管理权益类基金的“动荡之年”。昔日被市场瞩目的明星基金经理（指那些由于业绩好，受到投资者追捧，旗下所管理基金规模水涨船高的知名基金经理），在 2023 年的日子尤其不好过，我们可从很多国内媒体的相关报道中看到。

据财联社报道，截至 2023 年第二季度末，整个市场共有 159 名主动权益基金经理的管理规模超过 100 亿元，其中绝大部分人（128 名）的管理规模都出现了下降。昔日看管理规模、看明星效应的择基方式已经受到冲击。截至 2023 年第三季度末，主动权益类基金中管理规模较大的前 10 位基金经理 1 年来的业绩全部为负数，很多都是两位数下降，真是惨不忍睹。2023 年，整个主动管理权益类基金市场都是差不多的状况。

据新华财经，截至 2023 年第三季度末，市场共有 4200 多只主动权益类基金，这些基金在 2023 年前三个季度平均收益率约为 –8%，其中仅有约不到两成的基金产品在前三季度实现了正收益，三季度整体累计跑输沪深 300 指数超 4 个百分点。

作为对比，以兴业研究对其客户的调研举例。截至 2023 年第三季度末，其财富管理（包含银行存款、基金、保险、贵金属、房产等所有门类的投资）的客户样本中，过去一年的主要收益区间在 0 至 5% 之间。在权益市场整体偏弱的情况下，依然有 13.42% 的客户获得了 10% 以上的收益，同时获得负收益的客户占比仅有 11.53%。**可见，在 2023 投资主动管理公募基金的投资者大部分似乎还不如把钱存入银行**。

不管是明星基金经理还是其他大多数主动管理权益类基金经理，他们在 2023 年业绩的普遍下降都和 A 股市场在 2023 年的大跌关系密切，而他们前几年的较好成绩也是伴随着 A 股市场的较好走势。可见市场的好坏依然是大多数主动管理基金经理获得业绩的重要支撑，换句话说，他们很多人没有能够取得超越市场的表现。

通过以上这些案例，普通人或许可以有这样一个意识：被动投资基金是践行“后袋”资产配置的主要工具。由于ETF和各类指数基金的低费率和被动投资（追求高度模仿各类指数）的特性，在配置“后袋”资产时，可以充分利用ETF和各类指数基金触达相关资产。

配置“后袋”的中坚：宽基ETF、同业存单指数基金和短债基金

此刻，读者终于接近“后袋”配置模型的真面目了。在了解了被动投资基金的核心作用，明确了股票、债券和货币类三大核心资产作为配置的整体思路后，下一步要做的就是继续缩小范围，直至达到本书这个模型的实质。

当人们希望将资产配置入权益类资产时，权益类ETF就是可以倚重的工具。权益类ETF大致上可以分成宽基ETF、行业主题ETF、概念ETF等。特别是宽基ETF，是指跟踪、复刻宽基指数的ETF产品，宽基是指那些反映不同规模、特征的股票的整体表现的指数，比如上证50、沪深300、中证500。

2023年，我国市场上的宽基ETF大受资金喜爱。光明网援引央视网的一则报道显示[①]，截至2023年最后一个交易日，境内ETF数量近790只，较年初增幅约15%；份额合计约1.81万亿元，较年初增幅约53%。境内ETF中，股票型ETF占比最高。截至2023年最后一个交易日，股票型ETF数量近730只，占境内ETF数量约93%；份额合计约1.37万亿元，占境内ETF份额约89%。

① 引自《2023年境内ETF数量和份额稳步增长，政策“组合拳”助推中国经济行稳致远》，光明网，2024。

其中，宽基 ETF 在 2023 年的增幅较为明显。2023 年，宽基 ETF 累计净流入超 2200 亿元，占全部股票 ETF 累计净流入约 70%。在宽基 ETF 中，资金净流入较多的包括沪深 300ETF、科创 50ETF、创业板 ETF、上证 50ETF 等股票指数 ETF。

可见，2023 年 A 股市场虽然整体表现并不好，但资金仍旧大量流入，形成了反差，体现出宽基 ETF 的“逆势”能力。

受到股神巴菲特青睐的**标普 500 指数**就是美国股票市场最典型的宽基指数。该指数旨在衡量在纽约证交所和纳斯达克上市的符合指数条件的股票的表现（指数成分股包括美国 500 家顶尖上市公司）。它被广泛认为是衡量美国大盘市场的最佳指标，也是全球最多资产跟踪的指数。截至 2023 年年末，它占美国股市总市值的 80% 左右，占世界总市值的 50%。

截至2023年年底的20年中，93%的美国大盘股基金表现逊于标普500指数。[①] 从历史上看，主动型股票基金相对于基准指数的表现在较长时间内一直在恶化。

在我国市场上，**沪深 300 指数**被广泛认为拥有能代表美国股市的标普 500 指数同样的地位，可以代表中国 A 股的走势。沪深 300 指数是由沪深两个市场中规模大、流动性好的最具代表性的 300 只证券组成的证券指数，以反映沪深市场上市公司证券的整体表现，是国内股市的“晴雨表”。成分股大致按照 4 ： 6 的比例分布在深圳市场和上海市场，行业构成则以金融、工业制造、主要消费、信息技术和医药卫生为主，都是各行各业的龙头企业。我们有理由相信，沪深 300ETF 或者追踪沪深 300 的指数基金可以成为标普 500 指数基金（包括标普 500ETF）的中国版对照资产。

在债券类资产中，也有以被动投资为主的基金。**债券指数基金**就是一种以债

① 引自《标普 500 指数》，标普全球公司，2023。

券指数（如国债指数、政策性金融债指数等）作为追踪对象，通过购买该指数的全部或部分成分券构建投资组合，追踪标的指数表现，获得和指数相似收益的典型代表。债券指数基金的投资原则就是匹配基准指数投资的相关特性，以取得与债券指数大致相同的收益率。

当前，我国市场中的债券指数基金大多是利率债指数基金（规模占比或超过50%），其次是同业存单指数基金（规模占比或超过25%），且以机构投资者持有利率债指数基金为主。

更细分之下，当前绝大部分的利率债指数基金都是政金债指数基金，跟踪的是政策性金融债（主要发行主体包括国家开发银行、中国农业发展银行、中国进出口银行三大政策性银行）。此外，也有追踪国债和地方政府债的，但比例不高。银行等机构投资者是利率债指数基金的主要持有人，主要原因是可以通过此类投资享受较低的管理费，以及相对于直接投资债券的税收优势。

另外，当前**同业存单指数基金**的投资者则以个人为主。同业存单指数基金相对较新，一般以投资同业存单的比例不低于基金资产的80%作为主要标志。当前被跟踪最多的指数为中证同业存单AAA指数，每份基金份额设置有7天最短持有期限。

所谓同业存单指的是在银行间市场，各家金融机构发行并可以进行交易的存款凭证，类似于金融机构之间发行的短期债券。个人投资者对同业存单指数基金趋之若鹜的原因也很好理解，该产品可以帮助个人间接参与银行间市场。

通常来说，同业存单指数基金在流动性方面优于短债基金，而风险和收益又介于货币型基金和短债基金之间，能够很好地满足短债和货币基金之间部分投资者的需求，适合那些风险偏好较保守的投资者。

短债基金是纯债基金的一种。相较于货币型基金，短债基金投资范围更广，可相对拉长久期，争取更高的收益，相应地，风险等级也会比货币基金高一些。

普通投资者对短债基金的细致理解并不重要，重要的是知晓其历史收益率和历史风险。

据万得的数据，截至 2022 年年底，从近 10 年的历史表现来看，万得短期纯债型基金指数年化收益率为 3.65%，最高为 2014 年的 6.26%，最低为 2016 年的 1.18%。同期，万得货币市场基金指数的年化收益率为 2.72%。从波动来看，市面上的短债主要属于中低（R2）风险，而货币基金属于低风险（R1）。

据万得的数据，2023 年 1—9 月，债券型基金规模相比去年同期增长近 9000 亿元，大幅领先混合型以及股票型基金的增长额。主要原因是这类基金在 2023 年的表现要好于股票型和混合型基金。债券指数基金能够发展得很快，还由于它具备风险收益特征明晰、信息公开透明、投资效率高、管理费更低等优势，这类基金已成为很多机构投资者重要的债市配置工具。

同业存单指数基金和短债基金的收益率一般都略微高于货币型基金，显示风险也就略微高于货币型基金。以这两者为代表的债券型基金对那些求稳的人、那些希望对冲股市风险的个人投资者来说，具有较高的吸引力。

此外，市场上还有**债券型** ETF 可供投资者选择，投资策略和债券指数基金非常一致，追求复刻债券类的指数，以利率债、信用债等类型为主。据《中国基金报》报道，截至 2023 年 12 月底，我国市场债券型 ETF 总规模突破 800 亿元，占所有 ETF 产品总规模的比重在 4% 左右，全市场可选的基金产品也只有 18 只。由于其选择余地较少，且风险和收益都与短债基金以及同业存单指数基金类似，所以可以作为这两者的一种代替方案。

“后袋”配置模型

正如个人财富管理模型能够协助人们对“前袋”“后袋”和日常的消费进行

系统性的归纳和整理，配置“后袋”资产也最终需要落脚在一个模型来帮助厘清各种细节。

经过前文的梳理，读者已然对“后袋”资产的投资目标、各类资产的性质（见图 4-1），以及具体配置的思路都有了一定的理解：站在史文森和巴菲特等投资界巨人的肩膀上，可以建立一个以被动投资基金为主体，主要包含股票、债券和货币类资产的资产配置格局，并且要坚持长期主义和分散化的指导思想，制定符合自身实际情况的“后袋”模型，最后再以对应的基准指数作为衡量我们模型好坏的判定标准，以便调整配置策略。

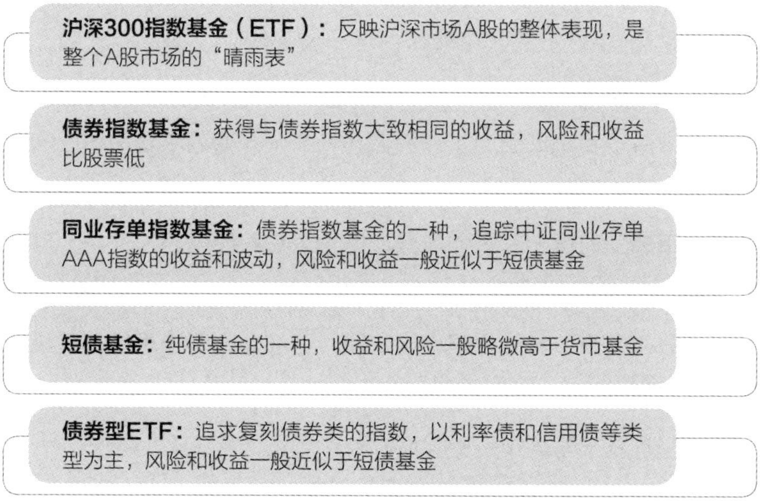

沪深300指数基金（ETF）：反映沪深市场A股的整体表现，是整个A股市场的“晴雨表”

债券指数基金：获得与债券指数大致相同的收益，风险和收益比股票低

同业存单指数基金：债券指数基金的一种，追踪中证同业存单AAA指数的收益和波动，风险和收益一般近似于短债基金

短债基金：纯债基金的一种，收益和风险一般略微高于货币基金

债券型ETF：追求复刻债券类的指数，以利率债和信用债等类型为主，风险和收益一般近似于短债基金

图 4-1　配置“后袋”的主要资产简析

在进一步构建具体模型前，先要作两个澄清：

第一，任何资产配置模型都是建立在研究（包含定性和定量）和分析基础上的，普通投资者虽然可以借鉴机构投资者的配置思路，但必须还要有自己的个性

化思考。比如，资产配置到底追求多高的年化收益目标就因人而异，不能泛泛而谈。

如果是钱小白这样30多岁的青年人，则配置“后袋”时的投资目标需要同时考虑退休后生活需求以及要为今后岁月里的大额支出（比如购房、子女教育）等做准备。而且在配置过程中，还需考量是否有定期支出的情况（比如预计每年都会用“后袋”里的钱购买一个类似汽车那样的大件商品）。这和耶鲁大学捐赠基金每年都要拿出一定比例（比如5%）支援大学的各项运营经费有相似之处。**综上所述，这类人（22岁到50岁）由于相对年富力强，财富总收入还有增长空间，并且支出需求更大，所追求的“后袋”资产投资收益应该较高。**

而对于年纪超过50岁的人来说，由于一般都建立了稳定的家庭，且很多人都已经买好了房子和车子，配置“后袋”的投资目标一般会更加集中于养老和退休生活，以及补贴子女未来的大额开销上。其中，养老需求是最核心的议题。再加上大部分人50岁后的工作和收入基本就定型了，后续收入很大概率会持平或者下降，直到下降到退休金左右的标准。这也意味着如果出现资产大额损失，这些年纪较长的人很难有机会再去获得额外的高收入来弥补亏空，所以求稳最重要。**按照投资收益越高，风险也越大的定律，这部分人所追求的“后袋”配置收益应该要相对较低一些。**

所以，单单是基于不同年纪的预期收益和承担风险能力的差异，人们资产配置的策略就可以完全不同了。正如第三章（表3-2）所示，年轻人肯定更加适合“组合C”这类收益和风险都更高的配置策略，而中老年人则更加适合“组合A”这样的稳健配置思路。

由于写这本书的初心就是为了帮助类似钱小白这样的年轻人来谋划理财和个人财富管理，所以本书下面所提供的这个“后袋”配置模型会更加偏向适合那些20多岁到30多岁的普通人。当然，从第三章到目前为止，本书已经将建立这个

“后袋”配置模型的思路和每个步骤的关键知识和考量标准都梳理清楚了，那些个人情况有所不同的读者依然可以按照这些内容去独立构建自己中意的“后袋”配置模型。

第二，本书所提供的“后袋”配置模型只是基于我个人的研究，功能在于向各位读者分享研究和思考的过程，不具有推荐意义，且并不保证准确率（比如投资收益和风险）。任何投资都有风险，各位一定要从自己的实际风险承受能力出发，利用本书的系统性分析框架，找到适合自己的“后袋”配置模型。换句话说，本书的作用绝对不在于推荐某种资产配置组合，而在于带领各位一步一步解析我做出以下这版“后袋”配置模型的系统性过程，为的是展示普通人有机会快速掌握的框架性研究体系。

具体的模型以表格的形式来呈现，这更加符合机构投资者严谨的阅读习惯，如表 4-2 所示。

表 4-2 “后袋”资产配置模型

<table>
<tr><th>情景假设 1
（国内股票市场稳健）</th><th>资产类别</th><th>“后袋”
占比</th><th>实际案例</th></tr>
<tr><td rowspan="3">类似 2011—2021 年的 A 股市场行情</td><td>国内权益类宽基 ETF（沪深 300ETF）</td><td>85%</td><td rowspan="3">巴菲特自称其遗嘱将 90% 资产配置进标准普尔 500 指数基金，10% 配置进短期国债；耶鲁大学捐赠基金、哈佛大学捐赠基金等主流机构追求以权益类为主的收益特征（将超过 90% 资产投入类似权益类收益的资产类别中），并且每年都会提供大约 5% 的资金支持大学的日常运营，货币市场基金和债券指数基金则能够提供此类灵活性</td></tr>
<tr><td>国内短债基金（或者同业存单指数基金）</td><td>10%</td></tr>
<tr><td>国内货币市场基金（从目前市场上规模较大的货币型基金中选一只即可）</td><td>5%</td></tr>
</table>

（续表）

情景假设 2（国内股票市场波动较大）	资产类别	“后袋”占比	实际案例
类似 2022—2023 年美国股市行情	国内权益类宽基 ETF（沪深 300ETF）	67%	从 2022 年一整年美国股市出现下降，到 2023 年后半期美国股市整体向上，伯克希尔都一直在售出股票，收拢现金。这可能和巴菲特厌恶高波动性的思考有关。在如此巨大波动的行情下，多一点现金在手可以获得更加充分的风险保障
	国内货币市场基金（从目前市场上规模较大的货币型基金中选一只即可）	33%	

情景假设 3（国内、国外市场均平稳发展）	资产类别	“后袋”占比	实际案例
类似 2011—2021 年中美两国股市行情	国内权益类宽基 ETF（沪深 300ETF）	42.5%	耶鲁大学捐赠基金中包含了大量的非美国市场的资产，主要通过海外股市和海外另类资产（PE、VC 等）实现。在分散化思维的指导下，投资者应该把眼光看得更远，利用国内头部公募基金的 QDII-ETF 产品，充分享受美国股票市场的红利，也能充分利用中美两国股市走势不同所带来的此消彼长效应，实现风险对冲
	权益类宽基 QDII-ETF（追踪标普 500 指数的 QDII-ETF）	42.5%	
	国内短债基金（或者同业存单指数基金）	10%	
	国内货币市场基金（从目前市场上规模较大的货币型基金中选一只即可）	5%	

表 4-2 所展示的“后袋”资产配置模型需要结合以下几个重要论点一起参考。

（一）**情景假设 1 是更加常态化的情景。情景假设 2 则是偏重极端市场环境（股市大开大合，波动性非常强）下的一种备用方案，更加保守**。建议各位读者结合自身情况和所在时间点的市场行情，酌情选择哪种方案。从本书第三章开始，已经为各位读者分步骤具体解释了选择被动投资的宽基类 ETF、债券指数基金（或短债基金）和货币市场基金作为“后袋”配置模型主要资产标的逻辑。

通常来说，同业存单指数基金在流动性方面优于短债基金，而风险和收益又介于货币基金和短债基金之间，能够很好满足短债和货币基金之间部分投资者的需求。也就是说，市场中规模靠前的短债基金和同业存单指数基金都具备几乎相同的风险缓冲作用，它们成为我们模型中固收资产的主要配置对象，并提供流动性。

短债基金和同业存单指数基金都主要投资于固收类的产品。固收类能提供定期利息收入，通常被认为波动性比股票小。由于固收的表现通常与股票不相关，它们可以将分散化的目的作为缓冲，抵御资产组合中股市不可预测的涨跌。然而，也正是因为固收类更注重安全性而非增长性的收益属性，那些在投资组合中大量投资固收类基金而减少股票类基金的投资者可能不得不接受较低的长期回报，因为许多投资优质固收产品的基金的长期回报通常远低于股票类基金。对像钱小白这样的年轻人来说，“后袋”资产配置最重要的底层逻辑是为应对以后生活需求的资产增值，所以风险更高但收益也相对更高的配置方案理应成为他们需要重点考虑的。

以权益类宽基 ETF 作为主要投资标的可以充分享受到 ETF 所具有的低费率、高分散化特点，其投资逻辑已经在前文中充分讨论，这里不再赘述。ETF 等被动投资类的指数基金以复制相关指数的收益和波动作为投资策略，能够帮助投资者既享受到指数投资的分散化优势，又规避主动管理类产品基金经理个人能力可能存在的问题。另外，长期主义依然是建立任何资产配置模型所必备的指导思想，“后袋”配置模型一旦建立，则必须以 5 ~ 10 年甚至更长时间的思维去坚持。

（二）情景假设 1 主要参考的是当前美国顶尖的大学捐赠基金的资产配置方案，这些大学捐赠基金普遍将 10% ~ 15% 的资金配置于固收和货币型资产。情景假设 2 则更多参考了巴菲特旗下的伯克希尔在股市波动环境下的策略——多拿些现金在手，但还是以股票投资为主。根据个人财富管理模型，普通投资者每年都要为大额支出和应急基金预备流动性资产，这两种情景假设都以分配货币型资金的方式来充分考虑流动性的问题，通常投资于货币市场型基金的钱可以被快速取出而不用担心由于取出所要承担的额外损耗。

（三）**情景假设 3 是情景假设 1 的变体，两者的整体配置思维是一致的。不同的地方在于情景假设 3 将权益类资产中一半的资产配置进了追踪美国标普 500 指数的 QDII-ETF 产品中，充分享受美国股票市场的潜力**。QDII 类产品的特质可以帮助国内投资者以较低门槛触达美国经济发展和企业价值增加所带来的红利。前文已经提到，标普 500 指数代表着美国头部公司的发展状况，几乎可以反映美国经济的运行状况，数十年来的表现总体稳定向好，受到巴菲特等投资大咖的信任。

QDII-ETF 从本质上来说还是以 ETF 投资策略为主，情景假设 3 是追求复刻标普 500 指数的收益和风险的一种基金产品。中美两国是世界前两大经济体，通过合理分散在两个国家的权益类市场，“后袋”配置模型可以利用两大市场的不相关性，获得对冲效应，为保值和增值提供重要支撑。

（四）坚持长期主义，并不代表遇到紧急事项或者需要灵活变通时不作为，关于这些会在后续章节中提及。三种情景假设都包含了大量的权益类资产，风险等级都是最高的，一时的波动和损失是难免的，要以长期主义视角坚持初心，不能跟随市场波动而随意调整，因为这很可能会得不偿失，导致遭受极大的风险损失。

（五）**在风险上，由于三个假设情景都以股票资产为主，建议读者提前到持**

牌专业机构（比如券商或者银行）测试个人的风险承受能力，达到投资股票的级别才能参考本书中的“后袋”配置模型。

（六）任何投资组合或者资产配置模型都需要对应的基准指数来判断其收益率是否达标。“后袋”配置模型也不例外。

关于确认投资收益目标（也就是预期收益率），可以回顾第三章第三节“确定个人投资目标的‘五步走’”中的内容，按照图 3-3 中的公式“现金类资产百分比 ×2.7%+ 债券类资产百分比 ×3.7%+ 股票类资产百分比 ×11.0%”（其中 2.7%、3.7%、11.0% 和 28%，分别是 2011 ~ 2021 年现金指数、短债指数、沪深 300 指数和标普 500 指数的年平均收益率），将三个情景中的资产配置比例代入后，可以得出：9.86% 应该是情景假设 1 的年化投资收益目标；8.26% 应该是情景假设 2 的年化投资收益目标；17.08% 应该是情景假设 3 的年化投资收益目标。

通常来说，“后袋”配置模型好坏的判断标准是：在长期跨度下（至少 10 年），年化投资收益必须达到（注意是达到并不是要超越）上述投资收益目标。不管在哪种假设下，如果能够达到年化收益目标，都将远超 2012 ~ 2021 年这 10 年间全国居民消费价格指数的年均涨幅 2%，达到资产增值的目标。

读者已经了解到了“后袋”配置模型的综合概念，但要真正熟悉如何配置自己的“后袋”，还需要通过个人的实际操作，要以实践来检验每个步骤的合理性，以实践成为复盘和思考的真实素材，逐步建立一套属于每个人自己的“后袋”配置模型。为了方便理解，我将“后袋”配置模型的具体思路简化成图 4-2 中的四个步骤，其中的每一个步骤都已经在本书前文中充分解析，请读者对照相关资产类别、配置逻辑和计算公式进行回顾。

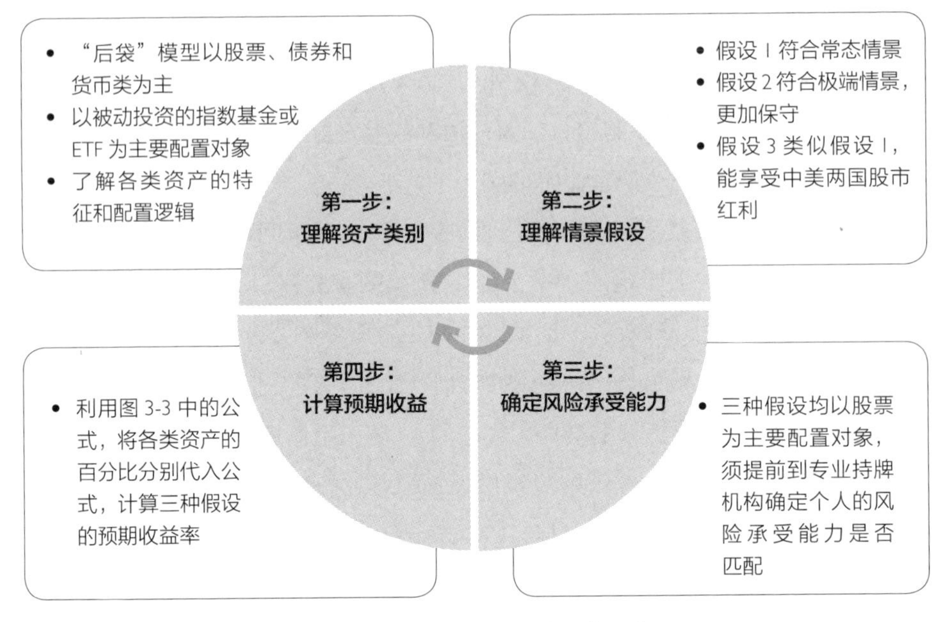

图4-2 “后袋”配置模型的四步示意图

扩展阅读

“后袋”配置模型以宽基ETF作为主要资产配置，除了这类基金本身的分散性有天然优势，还因为持有这类基金综合成本比较低。普通人在申购、持有和赎回公募基金产品时都会出现费用，这些费用乍看上去不高，但如果是大额资金频繁交易，其实会严重蚕食投资这类基金的综合收益。

我们可以简单梳理一下一只公募基金的费率组成情况。首先，申购费和赎回费是买卖基金时的费用，一般收取的单位是渠道（比如某个支付平台或者某家代销银行)。申购费和赎回费在普通人买卖某只基金产品时自动扣除。

其次，持有期间，投资者也会被收取管理费、托管费和交易费三种持有成本。找到这些具体费率非常容易，一般在购买基金时销售或者平台都会提醒基民这三个费率。如果按照基金大类区分，一般来说这三个费率累加最高的是混合型基金，其次是股票型基金，债券型和货币型排在最后。相同类型基金中，被动投资基金显著低于主动管理类基金。

还有一个重大因素是投资者必须考量的，一只基金的费率会随着持有期限的增长而加速增长，在配置“后袋”时，一般我们会将持有期放在 10 年甚至更长的时间中，那么费率对我们最后收益的影响就会非常大。这也是“后袋”配置模型选择宽基 ETF 的主要逻辑出发点——尽量降低持有的成本。

情景假设 3 将 42.5% 的资产配置进了 QDII-ETF。这种基金兼顾了 QDII 和 ETF 两种投资模式的特点，从本质上来说还是以 ETF 投资策略为主，追求复刻相对应的境外指数收益和风险的一种投资标的。

QDII-ETF 相较于普通 QDII 和普通 ETF 来说有两大优势:(1)支持 T+0 交易;(2)费率较普通 QDII 较低。相对普通 QDII 基金来说获得了“当天买入，当天卖出”的优势，让投资者可以充分施展对市场的灵敏度，为很多需要短时间完成的交易策略提供了可行性。由于需要跨境交易，通常 QDII 基金相对主动管理类基金来说费率更高，而 QDII-ETF 拥有 ETF 较低管理费的属性，可以抵消一部分增长的费率。

第二节　让权益类做老大

实操“后袋”配置模型：配平和分红再投资

“后袋”配置模型的中心思想是以资产配置这一单一决策过程来代替个人投资中最常见的证券标的选择和择时战略，是一种极简化的资产保值、增值方法。**这就要求我们坚持以分散化和长期主义为指导，利用被动投资的优势，充分参考顶尖捐赠基金战略配置的思想**。

现在我们可以假设这样一个场景：一位类似钱小白的年轻人当前拥有 20 万活期存款，可以将其放入“后袋”中，今后 5 年中，每年都大致可以由“个人财富管理模型”中的总收入减去总支出之后（也就是“前袋”中剩余的那部分盈余资金）再存入 8 万元进去。此外，未来 5 年中，这位年轻人每年平均将从“后袋”中拿出大约 2 万元的资金用作大额支出。那么按照上述表 4-2 后袋配置模型的思路，他该如何配置呢？

以情景假设 1 为例，这 20 万元的初始分配应该是用 17 万元（85%）申购一只追踪沪深 300 指数的被动投资基金；另外 2 万元（10%）申购一只同业存单指数基金；最后的 1 万元（5%）申购一只市面上规模排名靠前的货币基金。在做好所有相关的分配后，应该长久地保持这个配置思路而不是朝令夕改。一个最基本的“后袋”配置模型也就成型了。

“后袋”模型会在后续每年中不断有盈余输入（8 万元）和大额支出（2 万元），这两个资金流轧平后，也必须按照模型的思路进行**“配平”**。配平的意思非常直白，比如，这个案例中每年 2 万元的平均资金流出需要从货币类或者固收类的资产中出，而这两者在模型中占比为 15%，所以每次流出之后，都需要补足这两个资产类别，以维持住 15% 的比重。另外，每年输入的盈余 8 万元也需要及时按比例配置入模型中，以保持各大资产的比重，并充分享受**“分红再投资”**所带来的收益。

在解释分红再投资概念前，我们先实操一下这个模型。

我们可以简单基于预期收益（情景假设 1 的预期年收益率为 9.86%）来具体实操上述这个“后袋”配置模型。期限定在建立“后袋”配置模型后 5 年中每年的情况，如表 4-3 所示。在收入上，除了每年 8 万元的盈余收入，还需加上股市、债券和货币类的预期收益；在支出上，需要每年输出 2 万元大额支出。最后在每年的年底（也可以是任意选定的时间）将输入减去输出后的收支总额重新分配到各项资产中，目标是使得各类占比依然维持 8.5∶1∶0.5 的比例。

表 4-3 “后袋”配置模型实际操作表

单位：万元

“后袋”模型	第一年	第二年	第三年	第四年	第五年
总金额	20	27.97	36.73	46.35	56.92
权益类	17	23.77	31.22	39.40	48.38
固收类	2	2.80	3.67	4.64	5.69
货币类	1	1.40	1.84	2.32	2.85
收入	1.97+8=9.97	2.76+8=10.76	3.62+8=11.62	4.57+8=12.57	5.61+8=13.61
支出	2	2	2	2	2
年收支总额	7.97	8.76	9.62	10.57	11.61

如果按照这个假设，5 年后，扣除 5 年的总支出 10 万元，这个人“后袋”中的总资产将会是 68.53 万元。其中除了本金 20 万元，40 万元主要由固定新增的 8 万元资金年流入量构成，另外 8.53 万元则来自“后袋”配置模型的功劳。注意任何投资或者理财行为都不可能那么一帆风顺，这里只是展示了基于历史数据和理论的最好成绩。

由于“后袋”配置模型将绝大部分资产配置在权益类的被动指数基金，所以这个模型所追求的投资目标是利用较低的费用，尽量复制相关权益类指数的业绩，且并不寻求超过指数走势的额外业绩。此外，第一年总共 20 万元的本钱能够在 5 年内获得超过 8 万元的净收益就在于分红再投资和复利的神奇魔力，**也就是说，如果人们不能将每年的收支总额及时按比例配置进模型中去，将损失分红再投资和复利的收益部分，非常不划算**。从这一点上讲，在建立完“后袋”配置模型后，任务并不是就结束了，后面每隔一段时期（建议至少每年 1 次），每个人也都需要主动管理（配平）自己的“后袋”。

分红再投资思维

在这个例子中，如果把整个“后袋”模型看成投资于某一种股票的话，其实每年 8 万元的额外收入非常类似于一只股票每年的固定分红。“个人财富管理模型”的建立很大程度在于我们每年会有这些定期“分红”，这些活水理应从“个人财富管理模型”中挤出，为了使得“后袋”配置模型发挥最大的功效，我们需要将这些定期获得的钱都配置到“后袋”模型中去，而不是闲置在银行活期账户里。

其实这种分红再投资思维是长期主义策略的必然衍生品，也是巴菲特股票投资哲学的重要特征之一。

我们知道，择时投资和选股是巴菲特获得大量投资回报的有力武器，然而对于普通人来说，这两者显然难度太高，“后袋”配置模型的最大假设是，普通人无法知晓何时投资哪只股票才能获得最大利益，普通人也不知道到底如何选取股票。此时，巴菲特另一个成功的秘诀——分红再投资就是我们可以学习的少数几个点之一了。

上市公司分红是企业将未分配利润在扣除公积金等各项费用后向股东发放，是股东收益的一种方式。巴菲特很喜欢投资那些高分红的股票，他认为这些股票分红的行为就像是债券的固定收益一样，可以成为一项除了股价上涨外很好的收入来源。纵观其漫长的投资史，巴菲特很多时候都会选择将某一家上市企业的巨额分红再次投入去购买更多这家企业的股票，但如果他觉得股价已经超过他的标准，就不会这么操作。

把目光回落在“后袋”配置模型上，由于其和股票的本质区别，使得人们可以不用像股神那样去选择是否要再投资，而是放心地将每年从“个人财富模型”中获得的余额都配置入“后袋”模型中。

“后袋”配置模型中的大量资产被配置进追踪股票市场的指数基金或者 ETF 中，这让人可以充分利用股票投资中的分红再投资等逻辑去验证这个模型实操的过程。反过来，普通投资者也需理解为何权益类（股票资产）在这个模型中有如此重要的地位，为何要让权益类做老大。这涉及能否有信心坚持长期主义，长久维护“后袋”配置模型。

以权益类为主的思考

凯利和我说过：“如果一个投资组合要保持长久的盈利性，而不是追求极低风险下的收成，那么必须以高收益资产类别作为主要配置对象。”她的这种论调自然是延承自史文森的资产配置理论，也和巴菲特常年“重股票而轻其他资产”理论不谋而合。

“后袋”配置模型中的沪深300指数基金是我们普通投资者容易触及的，且收益和风险特征被公认为非常高的一类资产。跟随史文森和巴菲特的思路，我在“后袋”配置模型中赋予其最大的权重。

和股神巴菲特长久以来的投资理念不同，凯利和史文森对高收益类资产的确切定义并不仅限于股市投资，还包括大量的另类投资（绝对收益、PE/VC、地产主题基金和杠杆收购对冲基金等），而巴菲特则常年通过优秀的选股和择时能力投资数量非常有限的美国股票（也有很少部分的非美国上市企业的股票）。从本质上讲，如果要将史文森和巴菲特的资产配置理念统合起来为我们所用，几乎是不可能完成的任务。

然而，如果以最简化的思维去判断，我们有理由通过一种思维模式，也就是“唯投资收益论”来找到两者之间的相似性。其实，纵观本书建立“后袋”配置模型的整个过程，“唯投资收益论”一直在其中扮演重要的角色。

所谓的“唯投资收益论”其实就是忽略掉资产的具体属性，而以历史收益的多寡来定义资产的类别。比如，一些另类投资和股票投资的标的物和市场特征南辕北辙，但历史收益率却非常类似，那么就可以将这些另类投资看作是股票投资（权益类）进行配置。“后袋”配置模型将资产大量配置在权益类资产中就是因为历史真实收益数据，如本书前文所述，不管是头部捐赠基金（比如耶鲁大学和哈佛大学捐赠基金）还是巴菲特公开给媒体的遗嘱计划（大量配置美国标准普尔500指数基金），都将大量资产分配给了另类资产和股票等历史投资收益近似权益类基金的资产中。

但“唯投资收益论”有两个陷阱需要注意：

1. **理性的投资者需要时刻将风险放在首要位置**。必须明确收益越高风险越大的原则。市场和理论界对风险的定义还有不一致的地方，普通人也不可能透彻学习如何测量一只证券产品的风险，因为这里面涉及过多的计量经济学和统计学内涵，但必须记住，如果一种资产类别（假设是某一只股票）的风险非常高，则必然会导致亏本（长时间无法回本）的情况出现，而且这只股票价格的上下变化频率也会非常快，让人根本无法及时撤回资金或者及时锁定收益。

“后袋”配置模型将大量资金配置在权益类指数基金中，虽然表面上是以“唯投资收益论”作为思考的出发点，但从风险角度来说，沪深 300 指数基金的高度分散化特点和整体风险情况都不比主流的另类投资型基金以及主动管理权益类基金更高，且已经将风险的重大影响考虑在内了。

2.“唯投资收益论”只是一种帮助类似钱小白这样的投资初学者更好地理解“后袋”配置模型的极简化思维，并不是人们可以用来判断任何投资的可复制的方法。长期主义和分散化依然是做任何资产配置决策的基石。

万得的公开数据显示，从 2023 年 1 月 1 日到 12 月 19 日，沪深 300 指数的收益率 [（期末点位 – 期初点位）/ 期初点位] 为 -13.97%。也就是说，如果按照“后袋”配置模型的方法，我们将 17 万元钱在 2023 年 1 月 1 日配置进某一只沪深300指数基金，然后不动，那么到了12月19日，很大概率会亏掉2.3万元左右。这要比 2011—2021 年沪深 300 指数的历史年平均收益率 11% 低得多。

以历史数据说话，我们这个“后袋”配置模型经历 2023 年 1 年的亏损可能会让很多人难以承受了。这就是唯投资收益论的巨大两难之处：一方面，以收益相似性来选择所配置的资产可以让普通人触及一些收益特征类似复杂衍生品的投资品种，进而有机会“模仿”国际主流机构的投资组合（正如本章所做的）；另一方面，国际机构投资者还有众多风险对冲措施和衍生品资产起到对冲的作用，帮助这些机构规避某一种资产价值巨大下跌所带来的影响。

为了克服这个两难，类似沪深 300 指数这样的能够代表 A 股市场整体走势的主流指数或许可以起到一定分散化的功能，来帮助我们建立风险护城河。同样，如果再加上前文所述的坚持长期主义，“唯投资收益论”的弊端也有可能被稍稍覆盖。

任何资产配置模型都要以个人实际情况和偏好做最终定案的依据。除了前文提到过的收入水准和年龄因素，有些人可能每年不会用“后袋”中特别多的钱，那么“后袋”配置模型的长期主义特点就能非常好地实施；有些人则不然，可能近几年每年都要因结婚、生娃、买车等从“后袋”中提取出较大量的资金，那么就必须适当提高“后袋”配置模型中货币型基金和短债基金等的比例，降低权益类的比例。

还有些人经历过历史上的几次“股灾”（指股市短期内整体性大幅下降和大幅度波动），对股票类资产比较害怕，那么本书所提供的“后袋”配置模型就无法适应他们。因为任何不坚定的思维都可能在关键时刻让其做出错误的判断（比如，股市稍稍波动就终止配置策略，赎回基金，造成永久性亏损，等到涨上去时又追悔莫及）。像这样的读者，则可以利用本书所提供的整个“后袋”配置的过程和思路，去量力而为，学习更多资料，去制定适合自己偏好的配置模型。

用一句话总结就是：**不管是否让权益类做老大，符合个人情况和风险偏好的“后袋”配置模型才是真正的核心**。

第三节　没有风险意识就没有未来

在第三章第三节里，本书已经提到了关于风险的两大底层逻辑：（1）投资预期收益越大，风险就越高；（2）个人投资者在做任何投资判断之前，都要到正规的持牌机构做个人风险承受能力测试，并以结果作为投资依据。

前文中已经提到过，分散化是对抗风险的一大利器，这也就是要在“后袋”配置模型中加入一定比例的债券和货币资产的根本原因。从历史经验看，债券资产相对于股票类资产的差异化表现是很常见的，以美国市场为例，红星新闻援引瑞士资产管理公司 Mirabaud 的研报显示，自 1976 年到 2022 年，美国市场出现股票、债券双双下跌超过 10% 的情况只有 1 次，就是 2022 年。而 2022 年的情况比较极端，美联储激进加息和久高不降的通胀交织在一起。据万得的数据，截至 2023 年 12 月下旬，深证成指和创业板指一年来的跌幅分别超过了 15% 和 20%，然而同期内利率债指数和信用债指数的上涨幅度都在 4.5% 上下。这些都提示我们一个知名的道理：不要把所有鸡蛋（资金）都放在一个篮子（一种资产类型）里。

这些历史经验表明，投资债券类资产可以为我们在股票市场不好时，提供防御性保护，特别对那些希望将资金分别配置进股票和债券的投资人来说，债券类资产可以成为这个投资组合中非常好的风险抵御器。在分散化背景下，充分利用债券和股票的非相关性，在股市大幅度下降时，债券类资产能很好地保持正收益，这明确提醒我们投资债券资产的价值——能在股市“混沌”中托底。

但对于风险的认识，以上这些还是不够的。

在构建“后袋”配置模型的过程中，风险的因素其实无所不在，只不过为了简化读者的理解过程，我没有重点提及“后袋”中每种资产的风险计量手段和作用，只展示了收益在其中扮演的角色，但前文的“后袋”配置模型是在考虑了风险因素后做出的判断。

没有重点提及并不代表风险不重要；相反，如果没有风险意识，投资者的投资就可能面对血本无归的惨况。有了风险意识，才有我们个人财富的未来。

纵观国际主流机构的资产配置方案，都会以预期收益和预期风险作为主要的数据进行决策。比如 2023 年景顺资产管理（Invesco）所发布的市场预测中就将未来 10 年全球各类资产的算术平均年化收益和风险预期都展现了出来，包括沪深 300 指数、美国标准普尔 500 指数未来 10 年的算术平均年化收益和未来 10 年每年的风险预测（如波动率）。

普通人虽然可能没有办法知晓这些收益和风险预期数字到底是怎么计算出来的，但上述这个例子正好可以帮助我们理解一只基金、一种资产乃至整个“后袋”配置模型的风险其实都可以用百分比来显示。景顺报告的注释中表明，上述所提两个指数的风险百分数就是波动率（Volatility）。波动率已经多次出现在这本书中，读者可以将其看作风险的“等价代理指标”。也就是说，当波动率上升，风险就加大；当波动率下降，风险就减小。

用金融数学来解释，波动率代表了风险性资产在一定时间跨度中的收益率的标准差。这里我们尤其要注意，作为风险的指示性数据，波动率可以是历史收益率或者预期收益率的标准差，但一定得是收益率的标准差，并不是价格（比如股价）或者其他数字的标准差。

标准差和方差是高中数学的内容，标准差的高低说明样本中的数值相对平均数值的差距大小。比如，两个学生连续 5 个月的月考成绩平均分虽然是一样的 80 分，但学生一 5 个月的考试成绩依次为 75、81、85、79、80；学生二的 5 次成绩则依次为 65、95、60、85、95。我们可以看到学生一的考分标准差明显较小，说明他比较稳定；学生二的波动很大，我们可以认为其考试分数的不确定性更高。

但很多类似钱小白那样的读者可能会有疑问：学生二的分数波动大，但如果高考分数正好是一个高分，那肯定会更加成功；相反，学生一的分数波动虽然较小，但如果平均分不是很高的分数，那么他能够考出好成绩的潜力就较低了。**如此说来，我们一味以波动率高低所代表的风险高低来判断投资的好坏也不完全准确，最重要的是要考虑风险和收益的平衡**。

平衡的最重要考量因素是：只要平均收益率高，那么波动率较高其实也可以接受，关键是找到一个对比的标准。当今世界金融学中的类似标准非常普遍，比如**夏普比率**就是一个非常好的判断依据。其公式是：一项资产的预期收益率减去无风险资产收益率（一般以中长期国债年化收益率代表）再除以这项资产的标准差。

通常来说，夏普比率越高说明这个资产（或者资产组合）的投资价值越高，因为收益和风险平衡得越好。以景顺资产管理 2023 年报告中的预期收益率和波动率结合 2023 年年末中国和美国 10 年期国债的收益率作为各自的无风险利率，来计算沪深 300 指数和标准普尔指数未来 10 年的年化夏普指数。得出沪深 300 的夏普比率为 0.31，标准普尔 500 的夏普比率为 0.24。美联储在 2022—2023 年的连续加息，导致美国无风险利率提高不少，这使得上述公式中标准普尔 500 指数的夏普比率与近 3 年、近 5 年的历史数据（约 0.4）相比下降明显。

但和所有统计公式一样，夏普比率也不是万全的。

比如，一个资产组合中往往包含众多资产，每种资产收益的偏差可以相互抵消，此消彼长，这也是“后袋”配置模型分散性的基本含义。设计合理的资产组合往往可以通过降低各类资产的相关性来降低风险，但夏普比率的公式无法考虑到这点。

而且，夏普比率中的预期收益率是由历史数据得出的，那么这个过程其实就可能不够严谨。因为夏普比率是基于标准差计算而来，而标准差的计算又局限于正态分布的统计学假设，由于市场还存在大众心理和行为等其他复杂因素，这可能和市场的实际产生脱节，导致夏普比率失准。

普通投资者也不需要辨析何为正态分布等概念，可以以案例分析的形式来思考：假设在 2012 年，市场有一只基金，其未来 5 年的预期夏普比率超过 1.5，相对沪深 300 当时的夏普比率来说有很大的优势，很多投资者趋之若鹜。然而到了 2015 年，股市突然发生了暴涨暴跌走势，这只基金利用了大量借款进行投资操作，剧烈的股价变化导致其短时间内资金链断裂，直接爆仓，所有的资产都灰飞烟灭……

这不是危言耸听，而是在世界上所有股票市场中不断重演的故事。

对市场灾难的理解

说到这里，读者们还必须了解影响上述风险判断的最主要因素：**市场灾难**。

市场灾难指的是短期内发生的市场大范围、高强度下挫，其所影响的往往不仅仅是股市和债券市场，往往几乎所有风险性资产都会群发问题，即便银行也可能倒闭，从而导致全世界众多投资者出现重大损失。2008 年的世界金融危机所引发的市场灾难就是其中典型的代表之一。

从 2008 年第三季度开始，美国华尔街突发一系列震耳欲聋的重大新闻：雷曼兄弟公司破产，美林证券倒闭，美国国际集团出现流动性危机，所有这些都是由于次级贷款和为这些贷款及其发行人提供保险而发行的信用违约掉期的风险敞口而导致的。随后危机从华尔街迅速蔓延到全球市场。欧洲多家银行倒闭，全球股市和商品价值大幅下跌，甚至冰岛政府面临破产威胁。世界金融体系徘徊在“系统性崩溃的边缘”。

当年 10 月 6 日至 10 日，美国道琼斯工业平均指数 5 个交易日全部收低，成交量创下历史新高。道琼斯工业平均指数跌幅达 18%，无论按点数还是按百分比计算，都创下了有史以来最严重的单周跌幅。同期，标准普尔 500 指数跌幅超过 20%。大量投资者因为恐慌而逃出市场，导致当年 10 月美国纽交所连续创造历史最高成交量纪录。

危机发生后一个月里，全球许多证券交易所都经历了历史上最严重的下跌，大多数国家指数在几周内下跌超过 10%。标准普尔 500 指数从 2008 年 5 月 1425 点左右的历史高位下降到 2009 年 3 月的 768 点左右，降幅约为 46%。

以股市崩盘来说，股灾往往是由恐慌性抛售和潜在经济因素驱动的，往往伴随着投机和泡沫的破灭。这是一种社会现象，和人群的从众心理相结合，而由此形成一些市场参与者的抛售推动了更多市场参与者抛售的恶性循环。股市崩盘前通常伴随着泡沫的预兆。比如，股票主要指数在短时间内连续增长，或者一些根本没有价值的证券被人连续加杠杆炒作导致价格飙升，这些都是泡沫现象，等到某一个时机，泡沫破裂，下跌的趋势就会越加严重，如果引发了群体性跟随，则离整个股市的崩盘也就不远了。

如果统计欧洲、美国、日本等发达资本市场近 100 年发生股市崩盘（指几天内大盘下跌超过 10% 或以上）的次数，就会发现股市崩盘在历史中并不常见。比如日本股市在 20 世纪 90 年代由于之前泡沫太大出现连年下跌，但也没有发生重大崩盘。而且股市崩盘的可预测性非常小，从历次股灾发生前后的情况看，即便是巴菲特这样的投资之神也无法做到及时预测每次股灾。

大多数时候，那些平日高高在上的华尔街银行家们大概率都会遭到股灾的暴击，能够成功预测的人是少数。2008 年雷曼兄弟暴雷破产后，美国所有头部金融机构几乎都深陷次贷危机以及连锁资产暴跌的泥潭之中，只是程度不同罢了。

这就让投资者在配置“后袋”资产时几乎无法做到防备股灾风险。普通人该如何是好？

最好的方法就是：坚持长期主义观念，绝对不可以在股灾来临时惊慌失措，卖出股票等投资标的，这可能导致永久性的资产损失，而是要更有耐心地看待市场灾难。

还是拿 2008 年金融危机来说，据万得的数据，从 2008 年中到 2009 年一季度末，9 个月时间美国标普 500 指数下降了大约 50%。此后又花了 3 年时间直到 2012 年 9 月，标普 500 指数才又回到 2008 年中的点位。

如果一个投资者在 2007 年高点位时投资了一只标普 500ETF，那么在这大约 4 年里，由于恐慌或者丧气或者其他任何原因而抛出这只 ETF，那么他将大概率锁定自己的巨额损失。此后可能再也不会有信心投资股票。然而只要这个人再坚持住，从 2012 年开始一直到 2023 年年底这 11 年间，标普 500 走出了一个完美的上涨图形，从 2012 年初的 1315 点连续上涨至 2023 年末的大约 4750 点，每年的算术平均收益率接近 22%，坚持和不坚持，差距就是如此之大。

对于“后袋”配置模型来讲，一旦遇到了市场灾难，一定要提醒自己：市场灾难是疾风骤雨的大跌，但只要市场中的资产还在，只要股市等市场还在，只要我国的经济还在逐年发展，那么就不能轻易放弃“后袋”中配置的任意资产。用足够的耐心去等待市场回调的那一刻。

最后，面对股灾这样的风险，人们在计量风险时就不能再以标准差和夏普比率作为主要的依据，而是要用**最大回撤**。最大回撤也是判断一只基金历史风险和业绩的最主要参考标准，其定义是在一定期限内，一种风险资产或者一只基金的最大跌幅。

比如，我们可以查阅一只基金的净值在10年中的走势，找出其中每一个净值高位和低位间差距最大的那一段净值的下跌数据，这就是该基金的最大回撤。最大回撤的数值可以提醒人们这只基金历史发生过的最差成绩，而最大回撤的测量期限则可以显示该基金发生最差成绩的时间长短。前者提醒人们一只基金或者一种资产的最差情况，后者则提醒人们历史上它走出最差情况的用时长短。

如果一只基金或者一种资产能够在市场灾难中取得较好的成绩，其最大回撤理应较小。当然最大回撤也受到基金历史长短的制约，比如一只基金成立20年了，另一只成立5年，显然20年相比5年最大回撤的程度很可能会更高，但并不能完全说明5年那只基金后续不会发生更大的回撤。

扩展阅读

部分读者可能会想到，一旦发生大的市场灾难，我们除了在长期主义思维下耐心等待，是否还能趁着低价时机，出手加仓或者购入一些其他资产呢？

有句话说得好，“不要浪费任何一次危机”，其实面对市场灾难，许多精明的职业投资者确实会去做新的投资或者加仓，但前提是这个投资者必须此前没有被灾难所伤，所做的新投资也必须符合既定的资产配置策略，还需要量力而为。

这再次提醒我们，也不必过于恐惧风险。因为从现代金融学理论来看，风险仅代表着不确定性，并不完全代表着不好的事。风险是长期投资的正常组成部分。

有很多事情会让市场感到不安并引起波动。这种群体性不安也是正常的，我们要做的是为风险的发生做好思想准备，并基于分散化和长期主义来指导科学配置“后袋”中的资产。一旦风险来临，要做出理性的思考和反应，不能恐慌，并始终专注于长期投资的目标。

风险并不总是坏事，因为市场调整有时也可以提供切入点，让投资者从中获利。

如果投资者手头有现金，正等待投资股市，那么市场大幅度调整时期正可以提供一个以较低价格入场的机会。市场向下波动也为相信市场长期表现良好的投资者提供了以较低价格增购其喜欢公司股票的机会。

举个简单的例子，在获胜概率超过 50% 的情况下，投资者可以用 50 块钱买入不久前还价值 100 元的股票。以这种方式买入股票，可以降低每股平均成本，从而在市场最终反弹时帮助提高投资组合的表现。

相反，当股票快速上涨时，过程也是一样的。投资者可以通过利用这一优势卖出股票，卖出股票的收益可以投资于提供更好机会的其他领域。通过了解波动性及其原因，投资者有可能利用波动性提供的投资机会，获得更好的长期回报。如何买入或者卖出需要从个人自身情况考虑，相当复杂，具体的操作方法会在后续章节介绍再平衡概念时细说。

第四节　流动性等于钱

和风险一样，另一个容易被“后袋”资产配置者忽视的重要因素是流动性。**首先，普通投资者需要树立一个观念——流动性就等于钱**。其次，流动性往往和我们所投资产的锁定期及申购 / 赎回频率等资金流通限制有关。

基金锁定期指的是针对投资人新申购的基金份额，从申购开放日那天开始锁定，到期后就可以解锁，然后才可以选择在后续开放日赎回。一般份额锁定期有半年、1 年、2 年、3 年不等。很多 PE/VC 等私募基金都有较长时间的锁定期。

比如根据中国证券投资基金业协会 2024 年 4 月发布的《私募证券投资基金运作指引》的征求意见稿，关于申赎频率，建议我国的私募证券投资基金开放申赎频率不得高于每周 1 次，锁定期要求为 3 个月，同时允许私募证券基金以设置短期赎回费的方式替代强制锁定期安排。

除了锁定期，一些新成立的基金由于需要构建仓位，还需设置封闭期，封闭期内投资人不能赎回。

锁定期在各类资产中广泛存在。比如对于那些首次公开募股（IPO）的公司，股票上市交易的初期，其早期投资者的持股是被锁定不能交易的。这就导致很多 VC 或者 PE 基金作为一家新上市企业的早期股东，通常会被要求在一定时间内限制出售或转让其所持有的股份，因此会造成流动性的下降。

这类 IPO 锁定期的目的是为二级市场中的其他股东提供稳定性，防止公司股票被大量抛售后，股价出现过度波动，从而保证市场秩序。通过限制早期投资的基金、创始人和持股高管在一定时期内出售股票，可以帮助维持公司的市场价值，并为潜在投资者注入信心。一旦锁定期结束，创业团队股东、早期投资者就可以根据适用的证券法律法规自由出售股份。

以上就是流动性在一项资产的投资中扮演的角色。最简单的概括就是：流动性更高的资产，在相同预期风险和预期收益背景下，其投资价值更高。**反过来，在给一项资产定价的过程中，很多投行研究人员也会将流动性的代理数据计入量化模型中，并作为定价的一个重要因子**。

耶鲁大学捐赠基金和哈佛大学捐赠基金都将绝大部分资产配置在流动性非常低的另类资产中（比如私募股权投资基金），这些头部机构投资者显然要比普通投资者更能容忍较低的流动性，因为很多另类资产需要动辄半年、1 年甚至 3 年以上的锁定期，而且即便不在锁定期内，由于各类另类资产基金的层层限制或者资金调用时间，这类机构投资者想要抽离资金的难度和成本都要大得多。

这其实是由私募股权投资基金的特性所决定的。除了 IPO 后的锁定期，这些基金在早期就投资初创企业，故往往需要等待 5 ～ 10 年甚至更久才能退出（通过所投公司的 IPO 或者其他股权收购），以获得丰厚（有时候甚至是 50 倍、100 倍）的回报。

但是大部分捐赠基金每年又都需要给所属机构提供一定比例的运营资金，比如耶鲁大学捐赠基金就需要每年提供 5% 左右的资金给耶鲁大学。所以在配置资产的过程中，这些机构都会将这部分资金提前储备在流动性较好的债券类或者现金类资产中。

回到“后袋”配置模型，其所包含的两个情景假设都将大量资产配置在宽基 ETF 和固收、货币基金中，从资产的赎回难度上看，这三种基金基本差不多，如果投资于市面上头部的开放式基金，那么可以在 2 个工作日内全部完成。**所以上述耶鲁大学捐赠基金投资另类资产资金的流动性问题自然就被这个模型规避了**。

然而，普通投资者还是必须关注流动性问题，这里所谓的流动性问题不是说投资者从“后袋”配置模型中抽出资金的难度，而是有了新的内涵：要解决**“何时抽出”**以及**“是否需要抽出”**这两大问题。也就是说，如果这两个问题解决不好，“后袋”配置模型的综合收益也将会受到重大影响。

这其实还是要回到前文所描述的“个人财富管理模型”中去看。在“后袋”资产的配置过程中，除了按投资目标、风险承受能力以及个人实际情况制定各类资产的配置比例，还需明确这两大流动性问题的解决思路。

“是否需要抽出”涉及普通投资者估算“后袋”资产对定期大额支出的支援力度，以及对应急基金的支出需求。以“后袋”配置模型情景假设 1 为例，如果不想过多影响到 85% 占比的权益类基金，就要提前精确计算 15% 的债券、货币型资产能否覆盖上述两种用途。当然这个过程中还需考量每年有多少新增资金可以放入后袋中。

“何时抽出”则是在明确需要抽出资金后，投资者进行择时判断：什么时候执行资金抽出才是恰当的？以“后袋”配置模型中的情景假设 2 来说，既然 1/3 的资产是在货币基金中，这个问题似乎就不成为问题，一般来说只要流动性需求不超过总“后袋”资产的 30%，随时取出货币基金中的钱即可。

但情景假设 1 的判断难度就比较大了，下面以一个案例具体说明。

一个案例：“后袋”需要的支出超过固收加货币型的总额，则需要提取权益类的资金

假设一个人将10万元资金按照“后袋”配置模型情景假设1的方法分配：8.5 万元配置进一只沪深 300ETF，另外 1 万元和 0.5 万元分别配置进一只短债基金和一只主流货币基金中。此外，通过个人 T 型记账方法和合理的消费支出计划，他在每年的年末可以获得大约 2 万元年终奖金，并将其都增加进“后袋”中。

在完成配置半年后，这个人的家里要进行装修，大约需要 3 万元。这笔钱不可能完全从“后袋”中的固收和货币型资产中出，而且离年末还有一段时间，没有年终奖可以用。所以这个人势必需要动用沪深 300ETF 中的钱。

支出方案比较简单，这个人计划取出“后袋”中固收和货币资产的 1.5 万元，然后利用半年后的年终奖补充进去重新配平各资产的占比。因为这两种资产的风险通常较低，假设在完成配置后的半年里分别增长 2% 和 0.8%。所以在取出的时候，原先的 1.5 万元增长到了 15 240 元。剩下的 14 760 元只能从沪深 300ETF 中抽出资金。

如图 4-3 所示，现在有三种可能性。

可能性 A：半年内，沪深 300ETF 没有增长也没有下跌，那么这个人可以直接从其中分出这笔钱。

可能性 B：沪深 300ETF 增长了 5%，那么这个人当前在“后袋”中的权益类资产为 8.925 万元，抽出 14 760 元后，还剩下大约 7.5 万元放置在“后袋”中。

可能性 C：沪深 300ETF 下跌了 5%，那么这个人当前在“后袋”中的权益类资产为 8.075 万元。这个时候，如果他选择抽出 14 760 元，那么剩下的大约 6.6 万元要想回到 8.5 万元的“本”就需要近 28.8% 的增长才能达成，显然是很难的。如果这个人还是决定这样做，就很可能造成“后袋”事实上的损失。

面对以上三种可能性，只有在可能性 A 和可能性 B 这两个情境中抽出资金，才能避免事实上的损失，从而规避了流动性问题。而如果发生了可能性 C，就不是抽出资金的好时候，“后袋”资产不能动，流动性也就成了一个问题。

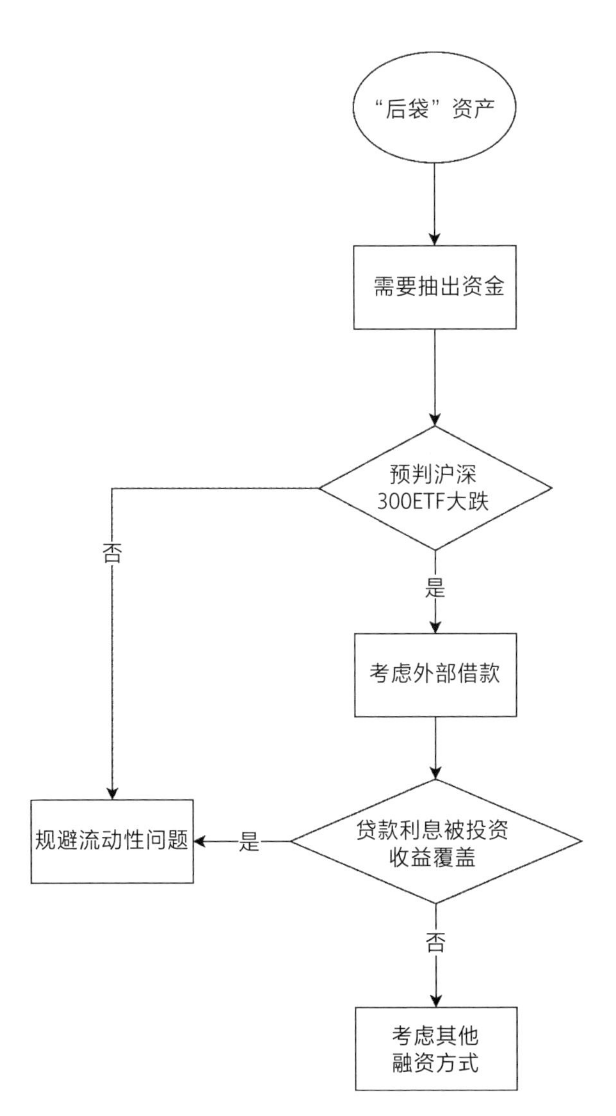

图 4-3 “后袋”模型假设情景 1 流动性案例判断图

解决方案其实也是有的。如果发生可能性 C，普通投资者可以考虑通过外部

贷款（比如银行消费贷款或者向亲友借钱）等方式填补这 14 760 元的空缺。关键是要去正规的持牌机构获得利息合理的贷款。

在可能性 C 背景下，要判断到底外部借款划算还是动用“后袋”中的权益类 ETF 划算，我们可以简化计算，从“增量”角度思考问题——在贷款期内，如果贷款总利息支出低于“后袋”资产的总收入，那么外部借贷就是合算的。这就又回到从历史收益率判断权益类 ETF 的预期收益率这个方法上了。

按照图 4-3 所示，贷款利息如果是按照 5% 的年化单利，贷款期 2 年，那么到期的利息就是 1.476 × 5% × 2=0.1467 万元。只要贷款期限内“后袋”中的 8.075 万元取得超过 0.1467 万元以上的收益就可以覆盖掉利息，而这种程度的增量（1 年 1% 左右的收益率）从沪深 300 指数历史收益看并不难实现。贷款到期所要归还的利息是否低于“后袋”剩余资产在贷款期内的增加值是一个比较直白的依据，可以帮助人们界定利用贷款解决流动性问题是否划算。

第五节　60/40 投资组合：另一个简化方案

对于有些性格较急的读者来说，可能没有工夫仔细阅读上述所有章节来了解整个配置的过程，那么“站在巨人的肩膀上”这句话又可以在这里发挥作用了。

不需要做过多的研究，而是通过参考某些成熟的资产配置方案来实现个人“后袋”资产的保值和增值。在华尔街等成熟的市场，早就存在着好几个知名的个人投资组合策略，且都经过了一定的历史检验。其中，60/40 投资组合就是一个典型的代表。

在介绍如何构建“后袋”配置模型时我已经澄清，我并不是向各位读者推荐这个模型中的具体资产比例，而是希望凭借整个构建过程，来帮助读者吸取灵感和思路，规划好属于自己的“后袋”配置模型。同样，本节并不是要推荐 60/40 投资组合，仅是通过历史数据来介绍这个方案，并提供另一种思路。

60/40 投资组合的本质

最基础的 60/40 投资组合曾经风靡华尔街，在史文森等以绝对收益和另类投资为捐赠基金主要资产的时代之前，包括大学捐赠基金在内的很多资管机构会采用 60/40 投资组合或者其变种模型。该组合的配置方法相当直白：**将 60% 资产**

投资于股票市场（比如标准普尔500指数基金），40%资产投资于债券市场（比如彭博美国综合债券指数基金）。

以股票和债券为核心进行配置符合这个投资组合的核心思想——分散化。和本书所提的“后袋”配置模型有相似之处，这种投资组合也是以长期主义和分散化为依据，期待利用债券的安全性和股票的盈利性，以及双方的非相关性来盈利。

债券在这个组合中占比远高于“后袋”配置模型，所以要搞清楚这个组合的本质，还得从债券资产在一个投资组合中的作用来看。

过去很多时候，美国退休人士可以从风险较低的债券投资中获得足够的收入来支付生活费用。但由于2008年以来的低利率环境（除了2022—2023年），这样的日子几乎不可见了。

为此，许多投资者通过投资收益率更高的债券，或在投资组合中加入更多的股票份额来应对，但随之也会面临更高的综合风险。提供额外收益的债券未必是资产保值的最佳选择（风险会增加），而且在不同的经济环境（通胀水平）和货币政策（利率水平）中，人们应该选择的债券资产种类也是不同的。换句话说，和股票投资一样，即便单纯投资债券，投资者也得面临证券选择和择时两个难题。

但可别对利率问题（经济和货币政策）太掉以轻心，可以看到2022—2023年西方各国由于超高的通胀而持续激进加息，很多类似债券的价格出现暴跌，严重影响这部分资产的收益。又比如，在2008—2009年全球金融危机之前，美国10年期国债的收益率近5%。而在2016—2021年时，如果想要在美国债券市场获得相同的收益率，则必须把所有钱都放到高收益率的垃圾债上才行，可能风险一点儿不低于股票。

单纯投资债券已经无法解决上述这些问题，而60/40投资组合正好可以帮助这部分追求更高收益的投资者，实现相对于单纯债券投资更高的收益，而且其配置于被动投资指数基金的特征，还可以规避复杂的债券选择和债券择时。

在不断变化的市场中，必须搞清楚一个投资组合中持有债券的初衷是什么。**通常来说，在分散化的投资组合中，债券可以扮演四个重要角色**。（1）安全性：债券应该能在股票价格暴跌时保持稳定，从而对我们持有的股票起到平衡作用。（2）流动性：债券应能起到安全箱的作用，为我们保存需要尽快动用的灵活资金。（3）盈利性：有些债券尽管利率低，但相对货币型理财，仍能带来不错的收入。（4）抗通胀性：尽管应对通胀和消费价格上涨一般不是投资债券的主要目的，很多利率债券也没有这样的功能，但国外某些被特意设计成对抗通胀的债券依然能起作用。

不管是在“后袋”配置模型还是在60/40投资组合中，债券资产的作用主要落脚点在安全性和流动性上。

当股价下跌时，作为投资组合中的压舱石，很多时候债券会保持升值，或至少保持稳定。因为投资组合中的债券指数基金穿透后的资产主要都是国债和其他高信用的央行票据、金融债、企业债、同业存单等，且都是一些信用等级较好、风险较低的债券资产。

股票资产和债券资产在很多情况下可以产生此消彼长的对冲效果，体现分散化的好处。通常情况下，当股票等增长型资产因经济增长放缓而被抛售时，债券等安全型资产会因投资者寻求避险而升值。所以在经济衰退时，股票型基金往往会受到影响，而债券型基金则会反弹，因为各国央行通常会降低利率（降息）来支持经济。降息时，债券收益率下降，债券价格上涨。这就为投资组合提供了一个减震器，在股票下跌时帮助缓冲整体收益。

60/40投资组合就有股债平衡、此消彼长的能力。据万得的数据，从1929年一直到2023年，仅有很少数时段出现“股票下跌、债券没有上涨”这种情形。

其中美国1969—1970年的情况可能与2022年的情形最相似。在这两次“股债双杀”发生前，美国都由于宽松的货币政策、慷慨的财政刺激和能源供应问题等诸多因素叠加发生了非常高企的通货膨胀，随后美联储启动强硬升息。

2022年美国股市和债市的双双暴跌也提醒我们债券的安全性并不是100%的，经济增长放缓时，债券可能是一种可靠的分散投资工具，但当通胀加剧时则未必。通胀极端上升后，很可能会引发股市的下跌，而若此时美联储不顾经济增速而不得不大幅度提高利率以减缓通胀，最终，债券资产价格可能就会损失惨重，于是这类股债双跌的情形反而加重了60/40投资组合的损失。

别盲从60/40组合

任何投资组合都不可能在历史上长期维持较好的业绩。这是人类所有投资实践中可以被发现的一种普遍现象，对于60/40投资组合来说也一样。即便在某个时间段（比如2011—2021年）挂钩于相关指数的60/40组合（比如美国市场）获得了高于大盘指数的投资回报率，但如果我们把这个时间段更换成2000—2010年，那么数据还会是一样令人着迷吗？如果我们再把时间长度拉到更长的20年、30年甚至50年，那么这个组合的年化平均收益率又会如何呢？

这提示我们，即便过去10年都有效的60/40组合，也不能保证未来就有效。而长期主义则是一个关键，我们应该利用更长时间的历史平均数据来判断任何投资组合的业绩。

如果以今天的眼光，特别是以史文森和巴菲特等人的分析看，60/40组合所呈现的弱点就比较清晰了，这也是为何当今世界最头部的大学捐赠基金（比如耶鲁大学、哈佛大学）都基本放弃了这个投资组合。

弱点一：在大通胀、激进加息环境里以及金融危机发生时，股票和债券往往双双暴跌，这样可能在短时间内造成大量损失。

弱点二：对冲股票风险的方法可以有很多，不一定非要用债券，因为债券的收益率太低。比如绝对收益基金、对冲基金、PE/VC 等基金都可以起到对冲股市风险的作用。

弱点三：经典的 60/40 投资组合只考虑美国国内的股市和债券，没有全球化的眼光，无法真正做到全球意义上的分散化。

弱点四：60/40 投资组合诞生于 20 世纪 60 年代的美国，当时的投资标的和资产种类大大少于今天，比如一些种类的高收益债券和对冲通胀债券都没有被发明出来，更别提期权等具有对冲和杠杆效应的衍生品交易方式，所以未必符合当前的投资状况。（比如利用期权思维将投资组合打造成一个类似绝对收益的组合，在股、债两市上涨或者下跌时都能保证一定的收益。）

综上所述，这些弱点并不妨碍 60/40 投资组合依然在当前的个人理财界具有一定的影响力和知名度，特别是对于那些没有其他更复杂资产投资渠道和投资知识的普通人来说，这个组合的可操作性非常强，比较容易让钱小白这样的人尽快理解。

不管是这个组合还是本书提及的“后袋”配置模型，在构建投资组合时，既要充分利用风险较低的资产（比如债券类基金）为配置标的，也要考虑它与所持其他资产的相关性问题（比如债券和股票的相关性问题），进行综合的配置。此外，还要考虑根据投资时间的长短来确定各类资产在投资组合中所扮演的角色和比例。比如如果投资期限较短，投资者年纪较大，则投资组合中应将固收的角色定为重点保值和通胀保护，相反，如果投资期限较长，投资者年纪还相对较轻，那么创造一定的收益和分散股票投资的风险才是债券资产最重要的功能。

对“后袋”配置模型以及任何投资组合策略来说，都有缺点和不完善的地方，这个世界上没有任何一个模型可以保证绝对正确。

第五章

“后袋”简约但不简单

第一节　任何模型都不会万无一失

记得刚构建好“后袋”资产配置模型没多久，在一家咖啡厅，我向钱小白和金多多详细解释了我的这个思路，并询问两位朋友对这个模型的整体看法。

钱小白是一个理财小白，没有任何投资和理财的经验和方法；而金多多的理财知识和投资经验都颇具基础。我本来以为两个人会对这个模型表现出截然相反的态度。令我有点惊讶的是，尽管有这么多不同，但钱小白和金多多都对这种层层剥开、递进解读、讲解细致的描述方法表示了赞同。钱小白说：“虽然一些投资术语和资产类别并没有那么容易在短时间内消化，但至少有了一条研究个人理财的基准路径。”金多多来说：“有模型就势必要基于假设，结果也势必会有很多联动影响因素，能否后续再讲一下这个模型的潜在问题和后续发展呢？”

两位的反馈正好成为本书这一章节的灵感。

截至现在，本书所有的财富配置思路都试图通过基于历史数据和公开资料建立的“后袋”配置模型而展开，希望从金融和投资学理论以及统计数据中找到支持的依据，并遵照巴菲特、史文森、芒格等人的公开建议和经验，确定一个合理的范式。

其实，“个人财富管理模型”和“后袋”资产配置模型都是脱胎于以上这个思考过程和研究思维的。读者通过阅读本书，建立起个人财富配置和理财思路的能力圈，那才是本书最重要的价值。

不过，万事都没有那么简单。我在美国一所大学读书期间，曾经和一位教授探讨过数理统计模型的价值问题。

在一个项目中，我花了大量的精力，通过参阅文献和编程设计，制作了一个能够分析上市企业预期收入和主要董事会成员个人情况关系的模型。

当我兴冲冲地将这个模型汇报给这位教授时，他却丝毫没有表现出兴奋，反而一直追问我在研究过程中所取得的定性观点和理论思考。

他这种对模型的忽视态度让我有点吃惊。后来经过交流才明白，在做研究的过程中，模型的设计可能会帮助我们更有效率地得到想要的分析结果，但更重要的一定是最后的结论和研究过程所产生的思路，而非模型本身。换句话说，模型是为研究服务的工具，并不是主角。因为任何模型的准确率其实都建立在多种假设的基础上，我们如果刻意追求使用某个模型，很可能会产生错误的结果。

本书所介绍的“个人财富管理模型”和“后袋”资产配置模型也是一样的，它们的最大价值并不在于多么正确和精妙，而在于以非常直白和简约的面貌，让零基础的普通人可以快速认知并在松弛感下进行学习，甚至可以说这两个模型的准确率根本不是我所考虑的。

真正重要的是我详细论述建立这两个模型的整个过程，这里面倾注了围绕个人财富规划和个人资产保值众多相关议题的详细思考和具体分析方法。这些内容才是我期待读者可以通过阅读本书掌握的东西。老实讲，本书如能启迪读者开始沿着这些思路思考自己的财富问题，那么即便这两个模型被“打入冷宫”也没有任何问题。

特别是拥有具体“定量形态”的“后袋”配置模型，其本身更容易出现错误，很大一部分原因还在于历史数据往往无法真正预测未来的走势，甚至有时候结论可能完全朝着反方向而去。

历史数据的迷惑性

任何由历史数据推测出的预期，比如简单地以历史数据的算术平均值作为一种预测值，在本质上都是基于一种概率分布的假设。

换句话说，历史数据所得出的预测值仅带有参考意义，不具备任何准确性的保证。因为我们无法知道某件事发生的概率到底呈怎样的分布。

有些人可能会反驳我，认为如果计算过去 100 年里，某一个指数 1 年内涨幅达到 10% 的次数，再除以 100，似乎从统计上可以计算出这个指数获得年收益 10% 的概率，因为样本量（100 年）已经很可观。然而，即便我们可以用穷举法计算出这个概率，但由于经济活动和企业以及行业的变化多端，依然无法确定未来 10 年里的每一年到底能否获得 10% 的增长。而如果遇上倒霉的时候，在未来 10 年里的某一年或者两年，这个指数的年化跌幅超过 15%，如果什么都不做，可能这 10 年的投资要想回本就没有什么希望了。试想，投资者有多少个 10 年的投资期限可以浪费呢？

这就是基于历史数据预测未来的主要问题之一 ——若无法考虑到小概率事件的发生，就会遭受特别巨大的风险。前文所描述的各类市场灾难就是这种问题的集中体现。

所以当利用历史数据来预判未来时，历史的结果只能用来参考，决不能用来确信。举一个简单的例子，一个初中生 A 在整个初三的所有模拟考试中，成绩都在班级中游附近徘徊。按照这个班所有考试时候学生的成绩分布看，考试成绩是围绕平均分呈现中间多，两头少的格局。大多数同学（超过 2/3）的分数集中于平均分左右两个标准差的范围内，考出高分和低分的同学都较少。

这个班的情况是很正常的，几乎在全世界每个班级都大致如此，因为人的学习能力和智力水平整体上就是呈现上述这样的分布。所以按照 A 在初三所有考试的成绩判断，我们有理由认为他在中考时的分数也应该在班级的中游，通过询问班主任这个位次能考什么样的高中，A 的家长基本能够在中考前就判断出 A 大致上能进什么样的学校。这就是历史数据对未来的参考价值。

然而，当 A 进入考场后，因为心情过于紧张，数学的大题没有做出来，影响了心情，导致后面几场考试发挥失常，原先的复习和能力没有完全发挥出来，中考成绩排在了班级末尾，这个成绩可能无法达到普通高中的录取要求，只能进那种需要花费更高学费才能入读的私立高中。这种看似低概率的事，在我们从小到大身边的亲属、同学中发生的案例数也不少。这其实就是历史数据对未来预测的失准以及它所带来的严重后果。

在“后袋”配置模型中，三种情景假设预测的年化收益率都是基于沪深 300、标普 500 以及短债指数、货币基金指数过去 10 年的历史平均年收益率计算而来，按照上述思路，在后续 10 年中，这些收益率只能是一种预测，无法确定，这也就是为何我们需要“个人财富管理模型”来帮助提前规划好收支，准备好应急基金和大额支出，并且让每年的收支盈余成为活水，不断成为“后袋”资产后续的有力补充，以及面临重大损失风险时的底气。

除了历史数据的局限，“后袋”配置模型的不确定性还体现在我所选择的指数型产品的投资收益率可能并不是最大化的。

平衡模型复杂度和个人能力圈

“一千个人眼里有一千个哈姆雷特”，可能这句话最能概括任何模型的特别之处——适合自己的才是好的模型，这个世界上不可能有万无一失的模型或者方法。

以本书中的“后袋”配置模型来说，最显著的一个疑问便是，**当人们把大额**

资产配置于沪深300或者标普500这样的以大盘股和价值股为主的指数，有没有可能就忽视了小盘股和成长股的优势了呢？

大小盘股票，成长 / 价值股票其实都是股票的风格。以风格为主要考量的投资策略往往是对冲基金和量化基金的首要考量，因为不同风格的股票可以产生非相关性的互补（也就是分散化效应），也可以被用来当作因子，成为量化投资模型的重要自变量。

在被动投资领域，大小盘股票或者成长 / 价值股票都有代表性的指数，以这类风格指数作为追踪目标的被动投资基金也不少，可以帮助投资者更深层次地将投资到股票中的资金进行分散化。

以A股市场为例，据中证指数官网的介绍，沪深300指数一般被用来代表大盘股和权重股，截至2023年年底，绝大部分样本股票市值超过500亿元，大约40%的成分股市值超1000亿元。该指数被普遍认为囊括中国最优质的企业及各行各业的顶尖企业，可以反映国家宏观经济的走势；中证2000则代表小盘股，从沪深市场中选取市值规模较小且流动性较好的2000只证券作为指数样本，反映市值规模较小证券的市场表现，截至2023年，样本中大部分企业的市值都在50亿元之下。国证成长以及国证价值指数则可以分别代表成长股和价值股。前文已经较详细分析了成长股和价值股的区别，这里不再赘述。

如果我们将“后袋”中投资于沪深300或者标普500这样的大盘股指数的资金分别按比例投资于不同风格的指数，成绩是否会更好呢？

本书不作任何预测，仅仅用历史数据来展现这个想法的潜在答案。

以美国华尔街比较有名的**“四种指数基金策略”**为例，该策略简单来说就是把资产等额分成四份（每份占比25%），然后分别投入美国市场上四种不同风格的指数基金中（四种基金分别是：大盘混合指数基金、大盘价值指数基金、小盘混合指数基金以及小盘价值指数基金），其中大盘混合指数基金追求复刻大盘股和成长型股票的走势，以此可类推出其他三种基金的策略。

从历史数据来看，从 1930 年到 2021 年以平均年化回报率计算，投资“四种指数基金策略”的回报率要明显高于仅投资标普 500 指数，两者的差距在 2.5 个百分点以上。以这 91 年中的 10 年为一个周期，其中在最差的 10 年周期中“四种指数基金策略”的年化下跌幅度比仅投资标普 500 指数高了大约 50%，而最好的 10 年周期中“四种指数基金策略”的年化回报又比仅投资于标普 500 指数高了大约 21%。

所以从历史上看，如果美国投资者长期投资“四种指数基金策略”，那么长期的收益率是要好于仅投资于标普 500 指数的。但数据仅仅能代表过去，而且这种看似比较有支撑力的观点本身也有陷阱。

明显的例子是，如果加入债券和货币等资产进入这四种资产组合中，那么新版“四种指数基金策略”还能比标普 500 指数有优势吗？类似“后袋”资产配置这样的投资组合往往会由不同性质的资产以及不同风格的投资策略组成，而普通人无法测算出这几种资产之间具体的相关性和最优配置比例。现在的资产类别和投资策略千差万别，要真的能妥善分析出这些配置模型，我们或许都可以成为一个正儿八经的基金经理了。

总之，个人能力圈和“后袋”资产配置模型复杂度之间需要良好的平衡。普通人不可能花费大量的额外时间去做自己能力圈以外的事，选择最适合自己的方法来打理自己的资产才是最正确的道路。

第二节　绕不过的人性和择时

别不信，人一定会“追涨杀跌”

在前文描述投资活动的时候，已经提到选择资产、择时和资产配置是关键的三个问题。对于像钱小白这样的普通人来说，资产配置是牛鼻子，一旦牵住了这个牛鼻子，可以较好地简化这三个问题——以科学和合理的资产配置策略来规避择时和选择资产这两个异常艰难的操作。

这其实是支撑起“后袋”资产配置模型的一个基本逻辑前提。**但资产配置模型对选择资产和择时这两方面的替代作用是不同的。**

首先，其对选择资产的替代作用可能会比较好。

“后袋”配置模型以分散化（被动投资于宽基指数基金）和长期主义作为指导，致力于有效复刻所选取的指数（沪深 300 指数或者标普 500 指数）的投资收益和风险，从而可以享受到经济发展的红利。这个思路是和以耶鲁大学捐赠基金为代表的机构投资者相符合的，充分利用配置而不是通过对个别资产、个别股票的挑选来获利。

如果我们抛开这个基本逻辑支撑，不注重配置的思路，而是尝试择股或者挑选具体的资产，那么结果会怎样呢？

其实这样能成功的概率可能就像猎手在森林里随便放一枪就能打到野兔那样低。市场上有成千上万种资产（比如各个股票、各只基金等），对于非专业人士来讲，要想长时间选择其中的优质资产，是几乎不可能成功的。而反复追涨和杀跌才是普通投资者最容易遇上的事，这本质上和人性有关——获得收益后的贪心以及遇到挫折后的过度恐惧。

经济学家夏春在一篇文章[①]中也有过相似的论述。在分析了2012年到2019年上交所A股全部投资者的日度交易数据后，夏春所得出的结论符合我们日常的观察：A股市场上账户资金低于50万的小散户最喜欢频繁交易，股市中的赚钱能力相对机构和大户都明显较差。原因除了小散户相对大户（账户资金超1000万）或者机构投资者有信息获取、择时能力和财报分析能力差距，还主要源自小散户更加频繁交易所带来的交易成本和不会选股，反复追涨杀跌。

股神巴菲特一直坚持"在别人恐惧时贪婪，在别人贪婪时恐惧"的理念，指的就是对应这种在大涨面前及时抽身，而在大跌面前勇敢投入的逆向思维。但真正能贯彻这种"反人性"投资思维的人又有多少呢？

虽然有时候，普通人投资了某一只股票也可能会赚钱，但总是和运气分不开。除了运气，很多资产价格的变化都有一定的周期性，而普通人想要摸准周期的脉络也绝非易事。

哪个人能够保证一直有中彩票般的运气，总是在对的周期中选择到正确的股票，并总能及时抽身锁定收益呢？追涨杀跌才是最多人的做法。虽然这有些灰暗，但从历史数据看大部分散户都是这样的。

在凯利和史文森等人看来，诸如选股这样的资产选择不但不能帮助机构投资

① 引自夏春的《大数据揭开A股真相：0.5%大户越来越富，85%小散越来越穷》，夏春财经知识，2024。

者获得额外的收益，而且由于交易费用和税费的综合因素，总体上还可能损害收益率。这也是巴菲特不止一次向投资初学者推荐被动投资的指数产品的原因，因为其能够最大限度地避免类似择股的操作。

然而，即便是有了分散化和长期主义的指导，“后袋”配置模型终归还是绕不过择时这个问题。

配置“后袋”资产需要择时吗

答案是需要，但和股票择时有所不同。

对于拥有了一个“后袋”配置模型的普通人来说，择时已经与确定个别资产（比如某只股票）的具体买入或者卖出的时间无关了，而是在长期主义之下，涉及两大问题。

问题一：何时执行“后袋”资产配置

假设我们已经有了10万元的“后袋”资产资金存在银行储蓄账户中，也规划好了自己的“后袋”配置模型，那么何时才能正式开启配置呢?

答案其实用一句话就可以总结：不管何时开启都行，但一定要极力避免追涨。

以本书中的“后袋”配置模型为例，三种情景假设都将很大比例的资产投入股票指数基金中，所以对沪深300指数和标普500指数的历史走势分析就是择时进入这两个指数基金的好基准。

以沪深300指数为例，图5-1展示了沪深300指数从2004年12月到2024年1月1日的走势，对于普通投资者来说，很明显该指数在这20年中出现过多次剧烈上涨和剧烈下跌：2007 年 10 月、2015 年 5 月以及 2021 年 5 月。前两个时间点分别对应了 A 股市场上所谓大行情（短期内股指暴涨）和股灾（短期内股指暴跌）的中间反转时刻，2021 年 5 月的情况略有不同，但前后各 1 年股市也呈现了方向截然相反的趋势。

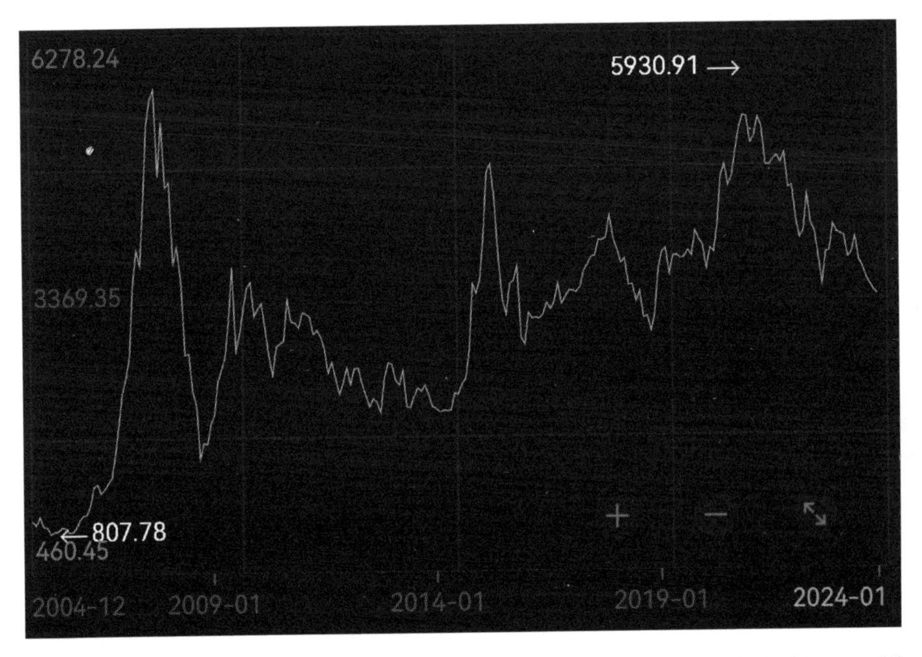

图 5-1　2004 年 12 月至 2024 年 1 月 1 日，沪深 300 指数的走势图（数据来源：万得）

以“上帝视角”看，如果“后袋”配置者在离这三个时间点较近的日期之前、股市正疯狂爬高的阶段就贸然入场配置，那很可能在转瞬而来的下跌时刻毫无掉头的余地，从而陷入较长时间的套牢、亏损中。当然，这里只考虑普通投资者能够触及的投资工具，做空等方法不列入考虑中。

不但 A 股市场如此，美国股市在 1987 年股灾、2000 年互联网股票泡沫破裂期间的情况也大致类似，那些在大跌发生前追涨进入相对应股指进行投资的投资者，在没有做空工具或者其他任何期权对冲交易的前提下，也遭受到大量损失。

“后袋”资产配置是为了保证普通人的远期生活品质而做的长期投资行为，但即便是以 10 年甚至更长的时间跨度看，在上述这些时间点开启配置也是不合时宜的。因为保护本金是我们能够在未来安身立命的最重要工作，虽然一时的波动并不可怕，也完全自然，但普通投资者还需要对类似上述时间点市场行情的出现保持高度警惕，切记不能追涨。

有一个方法或许可以帮助投资者规避全额投入的风险：如果把“后袋”资产按比例以较小金额分批投入各种资产中是否就比一下子全部投入更安全呢？比如这 10 万元可以均分为 12 份，每一份都按照“后袋”配置模型的比例，逐月投入各种资产中，这样连续一年才能将这笔钱配置完毕。回到沪深 300 指数这个例子，从 2007 年 10 月、2015 年 5 月这两个极端行情来看，指数都在这两个时刻达到峰值前后出现了一年左右的持续上涨和持续下跌行情，就算投资者非常不走运，正好从这两个时刻点前后开启为期 12 个月的连续执行期，那也总比在高点一次性投入来得强。

这其实就是定投的优势之一，一定程度上可以抵御一次性投入所有资金带来的择时不利风险。但是定投也有自己的问题，关于定投的详细介绍请在本章第三节查阅。

问题二：何时配平“后袋”组合中各资产的比例

前文在提及配置“后袋”资产时，已经介绍了配平的思维。如图 5-2 所示，“配平”除了要将每年个人财富管理模型中的盈余重新分配入“后袋”，以及从“后袋”中扣除掉每年需要大额支出的那部分，还包括对各类资产的**“再平衡”**

工作。所谓再平衡，指的是如果“后袋”中某种资产出现短期内剧烈的上涨或者下跌，我们就需要人为主动地去卖出部分高涨的资产或者（以及）买入部分剧烈下跌的资产。

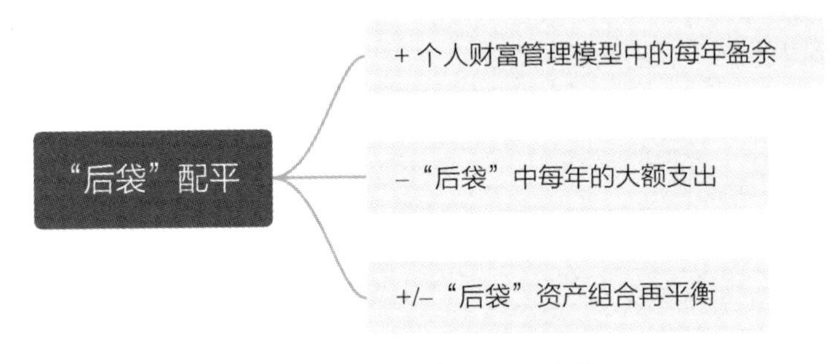

图 5-2 “后袋”配平示意图

均值回归理论告诉我们，一种资产的价格不会永远上涨也不会永远下跌。这也符合我们对股票等资产价格日常变化的观察。

因为时机的重要性，所以再平衡操作就必须建立在正确的择时策略上。按照史文森以及巴菲特的观点，资产的价格应该是围绕其内在价值上下波动的。以股票为例，所谓内在价值指的是可以通过财务指标和合理的未来业绩预期计算出的一个有一定根据的大致价格，这种价值往往不受人为操纵和大众心理所影响。

这也是他们这些投资界大咖可以自信地“在别人恐惧时贪婪，在别人贪婪时恐惧”的基础，因为他们认为股票的估值有一定的逻辑基础，并且能够正确利用各类分析方法找到某只股票或者某种资产的内在价值。对于他们来说，一旦资产价格大幅度高于其内在价值，就是泡沫出现的时刻，就应该抛售了；相反，一旦资产价格大幅度低于其内在价值，就是大举购入的时机。这就是典型的价值投资择时行为。

反观我们普通投资者，可能永远也无法具有巴菲特那样的能力——总是能判断出某只股票的内在价值，那么我们的“再平衡”策略要如何实施呢?

举两个例子：甲有10万元，按照情景假设1分别投入沪深300指数基金（8.5万）、国内短债基金（1万）和国内货币基金（0.5万）中。假设一年后沪深300基金大涨了20%，国内短债基金涨了3%，国内货币基金涨了1%。

这时候三种资产占总资产的比例分别为：87%、8.8%、4.2%，这和我们的目标配置比例85%、10%、5%相比差距明显。

乙也有10万元，按照情景假设1分别投入沪深300指数基金（8.5万）、国内短债基金（1万）和国内货币基金（0.5万）中。假设一年后沪深300基金大跌10%，国内短债基金涨了3%，国内货币基金涨了1%。这时候三种资产占总资产的比例分别为：83%、11.2%、5.8%，这和我们的目标配置比例85%、10%、5%相比，差距也较明显。

此时甲和乙两人都有三种选择。

（1）什么也不做。这样的选择可能和长期价值判断有关，因为相对一年的资产比例变化，似乎还可以通过更长时间后的情况再来定夺，如果贸然调整，某些人可能会害怕出现低卖高买的情形。史文森曾经在著作中论述过这种现象，以20世纪90年代的数据看，美国一家大型资管机构的投资者中大约有70%的人在10年观察期中从没有做过任何再平衡操作，或者只做过一次。这和10年间美国股票和债券市场的大开大合形成鲜明对比。

（2）高买低卖。这样的做法肯定是不可取的。在上述例子中，乙的“后袋”资产在一年中由于股市大跌导致亏损。如果此时，乙贸然抛售股票资产，并将资金再投入债券和货币资产中，那么这部分股市上的损失就可能在未来很长时间内都很难追回来；同样甲的资产在一年中由于股票资产大幅上涨而出现盈利，如果此时甲贸然从债券和货币资产中抽出部分资金买入更多股票资产，那么如果股市在未来回调，他在高位购入的股票资产就可能被套牢，在未来很长时间内可能都无法解套。

（3）再平衡。这样的策略可能是安全的。如果甲和乙能够按照既定的“后袋”资产配置比例，在一年后重新调整各自“后袋”中三大资产的比例，那么就可能规避上述高买低卖的情形出现。对于甲来说，在股票大涨后若能将其中的部分资金分配进债券和货币资产中，则不但能重新配平既定的“后袋”比例策略，还可能锁定股市盈利，避免回调后的损失。对于乙来说，在股票大跌后若能将债券和货币资产的部分资金分配进股票资产，则不但能重新配平既定的“后袋”比例策略，还可能摊薄股票资产成本，甚至可能赶上股市重整旗鼓的好时机。

从以上三种方法看得出，再平衡是一种比较理性的策略，按照既定的“后袋”中各资产占比安排重新调整资金，可能会帮助投资者规避高买低卖、追涨杀跌的错误操作，推动“后袋”资产的整体保值。史文森和凯利等头部捐赠基金的管理者都是资产组合再平衡的坚定拥趸，都在各自工作的机构中贯彻再平衡的思路。从耶鲁大学捐赠基金数十年的业绩看，再平衡理应被普通投资者所重视。

然而，对于那些什么也不做的人来说，可能并不是主观不赞同再平衡而是无法做到再平衡。这涉及再平衡的两个雷区，需要读者深入思考：

（1）**具体资产的择时问题依然无法得到完美解决**。到底“后袋”资产上涨、下跌到何种程度才需要开始再平衡？按照上述例子，某种资产一年内超过10%的涨幅、跌幅似乎是一个衡量标准，但市场都是瞬息万变的，一年里各种资产或许还会出现多次往复循环的大波动周期，这些周期的长度可能是1个月左右，甚至是1周左右。以1年时间作为一个硬性标准似乎太僵硬。

耶鲁大学捐赠基金采取一种叫作**“实时再平衡”**的策略，就是通过专业和资深的资产管理团队，对旗下组合中的各类资产实行以“天”为单位的调整，也就是1天之内的涨跌幅都需要进行重新配平。这对普通投资者来说显然不切实际。

而且耶鲁捐赠基金享受交易税费（股票印花税）的豁免资格，也让其高频率的交易变得有实际意义。

（2）即便投资者可以选择极简化的操作流程，比如规定以 1 年的时间作为配平时长，每年对“后袋”资产定期再平衡。**但再平衡具体操作过程中还会遇到人性的障碍**。任何股票市场都充斥着过度恐惧下跌、过分贪婪上涨的人性问题。再平衡往往是反向的，往往会从心理上让投资者无法接受。比如股票 ETF 1 年内上涨 10%，很多投资者会期待下一年继续至少再涨个 5% 吧，从而选择保持仓位不动，随之而来的可能就会是相反的结果。但下一次又遇到类似时机，很多人可能还是会做出错误的决定。

说到底，是否需要定期实施再平衡，还是应该从每个人的投资经验、投资目标和投资偏好出发，因人而异，关键还是要看个人是否擅长择时。

而对于大多数人来说，择时的困难度是难以驾驭的。诺贝尔经济学奖获得者、资本市场定价模型的主要贡献者、现代资产配置理论的主要奠基人之一威廉·夏普（William Sharpe）曾经做过一个关于择时能力的调查，发现在 20 世纪 70 年代，美国一部分最知名和顶尖的分析师所作的股票择时预测准确率都在 66% 以下，而夏普认为只有超过 70% 的准确率才能帮助一个人获得超过市场收益（类似大盘股指收益）之外的收益。基于此，我们可以推测，那些保持“什么也不做”的人也有一定的道理：如果没有能力择时再平衡，索性就不动为妙，或者选择机械性地以 1 年为期“配平”“后袋”资产。

—— 扩展阅读 ——

请读者不要误会，长期主义和再平衡并不矛盾。长期主义让我们懂得，在一定期限内资产整体价值的提升才是应该被追求的，而不应拘泥于各类资产的短期波动。然而看上去再平衡似乎是以较短期的眼光在操作（比如上述案例中以 1 年看）。这其实误解了再平衡的本质——为了坚持既定的资产配置比例而定期做的调整。

在长期主义观点下，我们一旦通过合理科学的研究确定了“后袋”资产中各类资产的比例以及长期的收益率目标和比较基准，就意味着我们需要长期追求这个“后袋”模型所能带来的收益，并长期承担其所能带来的风险。再平衡（包括配平）恰能帮助我们维持“后袋”配置模型，是一种日常维护“后袋”的理性方法。

第三节 “后袋”模型中的定投思维

前文提到，在处理何时执行“后袋”资产配置时，可以使用一种定投的思维。

定投这个概念一直都比较火。近年来不少人开始投资基金，使得更多人开始关注这种和基金投资比较相关的定时投资方式。

定投比较容易理解，指的是投资者每隔一段固定时间——比如每周、每月或者每季度，以固定的金额投资于同一只理财产品。

上一节已经提到，如果把“后袋”资产按比例以较小金额分批投入各种资产中，其实就是一种典型的定投行为，这可以在一定程度上抵御一次性投入所有后袋资金所带来的择时不力风险，这种方法有个学名叫美元成本平均法（Dollar-Cost Averaging）。前文提及的将个人财富管理模型中每年的“前袋”盈余以1年期为单位配置进“后袋”中予以“配平”，其实也是一种定投思维。

这其实反映出定投的三大核心优势。

（1）分散一次性投入所带来的择时风险。将总资金分散成小笔资金，然后定期投入，可以分摊每个买入时间点的成本，不像一次性买入时如果在资产价格的高位，就会被一下子套牢。这符合长期主义和资产配置的思维：只要通过研究配置好了资产，以及判断所投资产在长期来看会不断增长，那么坚持长期定投后的收益就可能符合投资者的预期。

（2）定投一般需要和持牌机构达成协议，提前规划好定期投入的金额和期限，然后到了日子自动划款，这让很多投资者可以省下心来，不用老是关注自己的投资选择和投资转账。

（3）定投也能间接帮助投资者建立一定的理财习惯和正确的财富观，起到类似本书中“个人财富管理模型”的作用。比如，当一个投资者规划好了每个月定投 1000 元进某只基金产品中，那么这个人在每个月消费时就必然会提前安排好这笔钱，这样日积月累，几年后个人的理财资产就能累积不少。

普通人想要定投某一只基金，如何回溯定投这只基金过往的历史收益呢？最简单的方法就是通过个人开户的券商 App 来操作。图 5-3 展示了某券商 App 中内嵌的基金投资定投计算器，只要输入所要定投的基金名称或者代码，然后输入定投金额（比如 500 元）、定投周期（比如每周一）以及测算时间（比如近三年），点击“开始测算”就可以回测从测试时间点三年前开始每周一定投 500 元进这只基金至测试时间点所获得的总收益。

在具体操作“后袋”配置资产以及再平衡时，由于个人财富管理模型已经帮助我们规划好了每年的理财计划和资产配置情况，所以市面上的简单定投某只基金的理财模式就显得没有必要了。

然而基于定投的优点，对于“后袋”资产配置模型来说，定投思维内嵌其中，非常重要。主要体现在两个方面：（1）在“后袋”资产的“配平”过程中，定投思维已经融入其中，不管是每年从“前袋”中多出来的盈余，还是每年需要从“后袋”支付出去的大额支出，每年要将这两笔方向相反的现金流统合轧平，然后投入“后袋”资产中进行配置（详细操作案例请见第四章第二节内容）。（2）前文已经提过，为了应对择时的难题，定投（美元成本平均法）也可以帮助我们规避一次性全额投入“后袋”资产的择时不力风险。

图 5-3　定投计算器示意图

定投看上去简单，其中的学问其实并不少，而且要说定投能完全规避择时问题其实也是不准确的。比如当一个大牛市近在眼前时，如果投资人不一次性投入所有资金而是依旧定投，那么很可能错过一个大的机会。另外，定投只能设定投资基金的频率和数额，而不能解决何时锁定收益的时机。

定投的学问

为了探索定投的深奥学问，不妨结合历史数据和案例加以说明。假设在这个案例中，以 2003—2022 年为周期，每年给四位投资者分配 2000 美元资金，且规定当年必须投入标普 500 指数基金中，但投资方式可以不同。还有一名什么也不做的 E 作为参照者。

投资者 A 和 B 用定投的模式去投资。A 在这 20 年中，每年都在 1 月 1 日将 2000 美元投入标普 500 指数中，一共投资了 20 期；B 在这 20 年中，每年将 2000 美元分成 12 等份，在每个月的第一个交易日将 166.7 美元投入标普 500 指数中，一共投资了 240 期。

还有两位投资者 C 和投资者 D，假设 C 是一个能力很强的专业投资者，总能在每一年标普 500 指数基金最低点位的那一天恰好投入 2000 美元资金。而 D 则是一个毫无经验且运气很差的人，总能在每一年标普 500 指数最高点位的那一天恰好投入这 2000 美元资金。

我们知道，如果什么也不做，那么 20 年后，每年的 2000 美元将汇聚成 40 000 美元。现在如果按照标普 500 指数这 20 年的真实走势，结合上述四位投资者的四种投资策略，就能测算出上述四位投资者的总收益情况。①

由图 5-4、图 5-5 可知，C 因为其强大的择时能力，总收益排在了第一（期末获得了 13.8 万美元的总资产）；A 排在了第二，期末总资产仅比 C 少了 1 万美元，达到 12.8 万美元；B 排在第三，期末总资产达到 12.4 万美元，只比 A 少了 0.4 万美元；就连非常不走运的 D 的收益也非常不错，期末总资产达到 11.2 万美元，远远高于 E 放在活期账户中的 4 万美元。

① 本案例所用历史数据为美国标普 500 指数在 2003 年 1 月 1 日至 2022 年 12 月 31 日的真实历史数据，数据来源为万得。以标普 500 指数在这 20 年中每年、每月的真实收益率计算出这四位投资者的总收益。结果不作为任何投资的推荐依据，过去的数据也不能代表未来的预期，仅为本书分析提供案例。

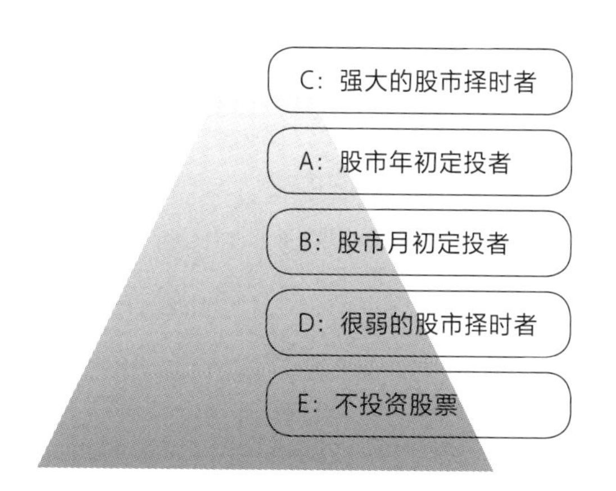

图 5-4　不同择时风格投资者的收益排名

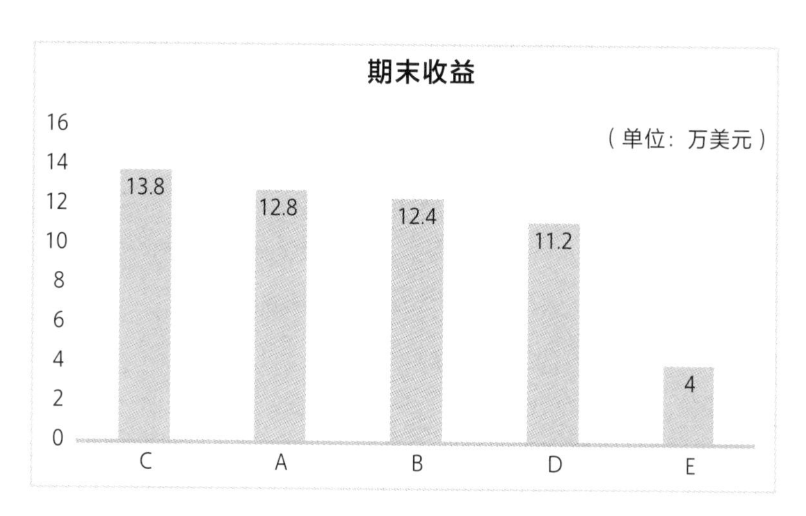

图 5-5　不同择时风格投资者期末收益排名图

因为标普 500 指数在 2003 年到 2022 年的走势非常好，所以这个成绩并不能说明市场所有走势下的情形。为此嘉信理财为这个研究做了补充，追溯了标普500指数从1926年开始一直到2022年所有每隔20年的投资周期，也就是1926—1945年、1927—1946年、1928—1947年……以此类推，滚动78个投资周期。在87%的投资周期中，上述四个投资者的排名完全相同（C>A>B>D），且最后一名D的总收益都要好于将钱放入活期。在剩下13%的投资周期中，虽然并不都是C>A>B>D这个排名，但整体上投资者A的排名也大多在第二或者第三，投资者C的排名也大多在第一。

如果将每隔20年的投资周期扩到每隔30年、40年或者50年，并复制模拟投资的业绩，在大多数情况下，四种投资收益的排名也是C>A>B>D，且最后一名D的总收益都要好于将钱放入活期。

请注意，以上模拟基金投资的费用和税率没有计算在内，仅仅是一种简化模拟的计算。所投资的指数是标普500，并不一定能反映其他指数的情形，且过去的业绩不代表未来的成绩。

看完这个案例的结果后，最先跳入我思绪的是：从1926年到2022年，以万得上的标准普尔500指数的真实历史数据看，在长期主义视角下，投资该指数的收益率确实是稳定向上的，以D的例子看，即便是完全不懂择时的投资者，其长期的收益也要远远好于投资货币型产品或者活期储蓄。这也再次为“后袋”配置模型做了某种程度上的背书。

以上的结果正好能反映出定投的一些深层次特点。

首先，同样都是定投思维，为什么在大多数情况下A要好于B呢？一种可能的解释是，从1926年到2022年，以每一年的1月1日和12月31日的点位计算，超过75%的标普500会上涨。所以固定在每年1月1日就投2000美元的A明显要比在一年中分12次投资的B更有优势。可见，定投频率和定投日期的不同，对收益还是有影响的。

其次，鉴于C几乎是普通人无法达到的，而且在所有的结果里，B和A的差距都不是很大，我们有理由认为类似A或者B这样的定投策略是可行的，这也进一步支持了"后袋"配置过程的配平操作以及将"后袋"资金分成小份定投入各种资产中的可行性。最不济的情形，即便像D那样胡乱和不规则地选择定投期限，收益也可能远好于单纯投资于货币类产品。

最后，虽然定投有很多好处，但它只是一种投资的方式，真正能帮助我们获得资产保值和增值的还是落脚在"后袋"配置模型以及坚持长期主义上。定投绝不是什么收益保险或者万能钥匙。举一个最简单的例子，假设A和B定投的某个20年周期中，从周期开始到周期结束，标普500指数走出的是虽有起伏但整体向下的走势，那么此种情形下不管何种定投方法都无法获得亮眼的收益。

又比如，当某人每个月定投1000元申购一个股票指数，从开始到第5年时这个指数冲到了历史罕见的最高点，如果此时这个人还在一味定投，而不知再平衡以锁定收益，后面10年这个股票指数进入了漫长的波动向下，待到15年后统计收益，那么这个人的情况也将非常不乐观。

还有一种情况比较极端，但也可能出现，就是当一个人准备好"后袋"中的总资金了，也已经研究好了自己的"后袋"资产配置模型，在执行配置时选择了定投的方式，将总资金分成小份分期投入。没想到，没过多久，其所投资产就遇上了历史罕见的大涨（赚钱大机遇期），此时这个人依然不为所动继续保持定投计划，那么他的收益将可能比之前选择一次性投入全部资金低得多。

既然"后袋"资产配置模型已经内嵌了定投的思想（每年配平），对是否需要将"后袋"中的初始大额资金一次性投入还是使用美元成本平均法分成小份定投，就不需要那么纠结了。**尽快开始配置"后袋"以及尽快开始投资才是王道，只要不是在超级牛市或者超级熊市等极端情况下，两种方法都是可以的。**

第四节　生成式 AI：“后袋”模型的一个演进方向

从 2022 年下半年开始，一个叫作 ChatGPT 的人工智能（AI）交互系统在国内外社交平台开始小范围传播。当时我并没有很在意，因为此前数年不管是谷歌，还是其他头部 IT 公司，都曾发布过不少人工智能类的软件或者系统，有些在短期内就引发了较高的话题度，但都不曾让人类进行过如此大范围的集体性讨论，也不曾引起各行各业如此程度的关注。

ChatGPT 是一个大语言模型，属于生成式人工智能。其主要的特点是基于天量文本内容的深度学习训练，产生自主处理内容的能力（比如汇编、回答问题以及翻译等）。这一切是基于强大的算力和算法支撑的。对于各行各业以及所有人来说，生成式人工智能与以往人工智能技术最大的不同点是提供了足以媲美人类（甚至可能在某种意义上超过人类）的原创能力。

到了即将完成本书的 2024 年初，以 ChatGPT 为代表的大语言模型（生成式人工智能）正在引发一场惊人的全域性变局，称之为一场新的技术革命也不为过。

虽然当前直接利用大语言模型给出投资建议的成功案例鲜有发生，但这个大模型本身能为人们的各种理财需求甚至专业机构的投资策略提供无限的想象力和创造力。比如有报道指出，ChatGPT 能在几秒钟内阅读分析完成上千万份财务报表，并从中提取出投资分析师所需要的关键财务信息，计算出风险计量数值，以帮助完成一套有实际操作性的投资组合策略或者估值模型。

上述这种处理方式已经超出了人类能力的极限，也就能保证这套人工智能系统相对人类而言，至少具备了一定的"量化优势"。在处理天量的分析性任务或者极度枯燥的文字汇编工作时，使用者所要做的仅仅是用键盘打几行文字来下达指令即可。这几乎是解放了人们的双手，让人们可以腾出更多时间来思考一些更复杂的问题。

试想一下，如果要将本书十几万字的内容整合成一篇最精要的3000字文章，靠人工来完成的难度是很大的，因为读完本书可能也得花好一阵子时间，更别说提炼精华了。然而，只需在一个主流的大语言模型上打上一句："请将这本书的精华内容整合成一篇文章，3000字。"它几乎在顷刻间就能完成这项任务。

回到本书的主题，基于生成式人工智能的大语言模型确实能够帮助普通人快速获取基本的理财知识和市场信息，就好比使用了一个能够快速回答"亿万个为什么"的智能小助手。本书前面章节所介绍的很多基本理财知识和概念也很容易从大模型上面获得比较详细的回答。

我们有理由相信，在普通人的理财过程中，后续越来越强大的新人工智能技术将极大提高整个流程的效率。比如，如果搜索引擎上的AI技术得到进一步加强，那么在设计资产配置组合时，人工智能技术或许能够帮助人们快速获得各家头部研究机构最新的各类资产收益预期以及风险预期，而不需要再到一家又一家的官网上去一个一个查阅。

这不得不让我联想到，一旦更高技术等级的AI应用在大众普及开来，将极大缩小个人与专业机构之间的能力鸿沟。以信息不对称为例，虽然随着数十年来互联网和智能手机等设备以及众多应用程序的发展，相比以往，普通人和机构之间的信息劣势已经有所缓和，但是差距始终存在。而在瞬息万变的市场，即便是几分钟的信息差也可能将投资结果完全颠覆。以往华尔街的大投行相对普通个人，拥有极大的信息优势。最明显的是，机构能在年租金数万美元的各类终端上获得普通人没办法接触到的最新、最快、最全的各类信息。

随着生成式人工智能技术逐渐成熟，且其使用门槛逐渐降低，普通人在设计资产配置模型（比如“后袋”资产配置模型）的时候，就有了一个获取更丰富信息和处理各类复杂计算和分析的利器。虽然以2024年这个时间点看，我们利用人工智能技术追上机构投资者信息和能力圈优势的道路还望不到头，但谁都说不准这样的情景何时可能真的会到来。

另外，当前的生成式人工智能技术也存在不少缺陷。

一些机构投资者对人工智能在投资领域的前景保持谨慎。最大的疑虑在于生成式人工智能所提供的信息可能并不完全准确，而在机构投资者眼中，信息准确率的重要性是远高于获取信息的便利性的。另外，利用人工智能进行投资交易的平台还未成熟，很多量化分析师即便可以掌握人工智能设计投资策略的算法，也无法实际操作。

很多与投资相关的预测都需要更多的判断来源，而当前的大语言模型仅擅长从海量文本中寻找答案，对于需要更多元资讯或者需要人类直觉才能做出的预测则可能并不准确。比如，虽然大语言模型可以从数据和互联网文本中得出一家上市企业未来的发展将相当良好，然而没过多久这家企业可能因为主要股东希望出售自己所持的大量股份而发生较大的动荡。而由于这位主要股东的信息在网上几乎找不到，大语言模型就不可能判断出这个动态。然而，一个有经验而且在这家企业有人脉关系的分析师可能早早就判断出了这种不确定性。

从2023年开始，华尔街最大的银行或者最头部的投资机构都已纷纷布局生成式AI的研究，但从这些机构公开披露的报告看，它们仅仅是将人工智能应用于诸如“提高员工检索内部研究资料”等“打下手”的工作中，还没有将其真正植入投资策略和交易的各项过程中。很大的一部分原因是大语言模型在投资决策、资产配置以及选股和择时等具体操作过程中的准确率还非常让人担忧。类似股市这样被错综复杂的消息和大众心理不断影响的市场中，如果当前直接用人工智能技术代替传统的人力分析师或者基金经理，那么这绝对不是什么好主意。

另一个重要的问题是，如果整个投资界的主流分析师都在利用人工智能技术制定投资策略或者交易策略，又或者几乎全民都可以使用 AI 来进行投资策略的判断，那么很有可能由于使用者数量的增加，在各大资产市场上产生一种 AI 优势逐渐丧失的趋势（有点类似内卷）。这种观点的逻辑支撑来自现代投资学中的超额回报（Alpha），简单来讲就是当一个超额回报的机会被很多人使用时，这个超额回报就会消失。

综合机构当前的做法以及普通个人的实际情况，我们有理由去思考在“后袋资产配置模型”的构建过程中，如何运用包括生成式人工智能技术在内的最新 AI 技术来帮助我们提高效率。**我认为，新的 AI 技术无疑将极大提高普通人研究各类资产的效率，或能帮助人们在更短时间内构建更适合自身的资产配置模型。但在当前技术条件下，它们只能起到辅助性的作用。**

有一个建议是，在思考出更详细的“后袋”模型演进方向之前，不妨将功能强大、使用方便的 AI 大语言模型当作个人的虚拟助理来帮助完成以下几项重要任务。

（1）收集资料。比如大范围地收集耶鲁大学捐赠基金的历年资产配置资料或者各类收入信息和宏观经济数据。

（2）更方便地获取各类资产的历史收益和风险计量。比如利用大语言模型可以快速获取沪深 300 指数的历史收益率和标准差。

（3）随时解疑答疑。比如在构建模型过程中更方便地了解各类资产的细节特征，更全面地了解巴菲特或者芒格等人的详细介绍和财富建议。

2023 年英国的一项调查显示，受访者中有大约 19% 的人声称会考虑应用大语言模型来获取财务方面的建议。然而，在 2021 年英国的另一项调查中，有大约 50% 的受访者声称会使用社交媒体上的信息作为投资建议。

读到这里我有个问题想请教各位读者：你是愿意从一个没有资质和任何牌照的社交媒体主播那里获得投资建议，还是愿意从能够处理来自网络的数以百万计数据块并提供量身定制建议的人工智能那里获取理财建议呢？

我认为目前最可能的答案或许是两者都不适合。花时间通过专业的信息来源或有资质的专业机构报告进行独立研究将是更安全、更值得推荐的方法。但这种情况也可能随着 AI 技术的飞速发展而改变。

受限于当前的生成式人工智能应用还不能有令人完全信服的准确率，很多最先进的 AI 模型也无法被普通人轻易获取并使用，我们应该更加循序渐进地考虑将 AI 技术运用进“后袋”资产配置模型中，尤其要规避直接使用任何人工智能技术进行择股、择时和投资决策，而完全不去做个人的思考和独立的研究。

展望未来，从理论上说，一方面，生成式人工智能或将能帮助使用者做任何工作，从编程到设计图片和创作视频，再到写作等。如果技术再上层楼，很难想象它到底能解放人类的双手到什么程度。另一方面，如此程度的技术革新也会带来一定的副作用：影响某些行业人们的就业以及可能帮助违法者生产出非法或者无节操的虚假内容。这些问题能否妥善解决或许才是生成式人工智能能否真正实现“革命”的基础。作为观察者，我们要时刻注意新的变化。

后　记

投资自己才是最好的

感谢你耐心读完本书所有的内容。在自序中我写过，期待本书能提供“抛砖引玉”的价值，让读者对个人财富的管理和个人资产的保值能有最基本的认识，以及掌握部分较专业的知识和实践经验。不知读完本书后，你是否有收获？

总结起来，本书大致上可以分成两个大板块：第一章和第二章主要是围绕“个人财富管理模型”展开论述，方便读者对个人日常的消费做科学的规划，也逐步认识到以钱生钱的重要性。第三章到第五章则是专注于“后袋资产配置模型”的构建准备、构建过程和后续讨论，其中穿插了不少对普通人来说可能较有深度的资产配置术语和各类较专业的科普知识。

虽然并不是一定要这么做，但我依然推荐各位读者按顺序阅读这本书。因为各章节都有意进行了递进的编排，期待能帮助读者循序渐进开启个人理财的实质性步伐，而不是读而不用，仅仅把这本书当作一本消遣的读物（当然这也没任何问题）。

本书所希望服务的读者既有像钱小白这样的理财小白，也有像金多多这样具备一定金融知识和投资经验的人士，为此我在撰写过程中不断向两位朋友征求意见，得到了不少启发。

很重要的一点是要找到符合每个人自身实际情况的方法论，不要把这本书所

有的观点和结论当作通行的办法，毫无个人思考地按部就班，而是要展开持续性的思考和实践。

这就需要各位读者有继续学习的决心，不断加深自己对个人财富管理的掌握程度，不断汲取更多的知识。而要做到这些其实非常难，显然要做很多枯燥的研究，还要投入很多的精力和时间，甚至不会比考上自己满意的大学，或者在工作中获得成功容易多少。

但万万不可放弃。

“没有比无用又无望的劳动更为可怕的惩罚了”，这是加缪描述众神对西西弗判罚之狠的用语。然而他想象中的西西弗，会在每次将巨石推向山顶后的返程过程中，有意识地去“蔑视”这无尽痛苦的命运，坚定地以完成每一次的无用功作为反抗荒诞命运的方式，久而久之，每一次的来回都让他更坚强……“他（西西弗）确信一切人事皆有人的根源，就像渴望光明并知道黑夜无尽头的盲人永远在前进。”他是幸福的。

对个人财富的追求也应该是这样。我们可以想象自己追逐财富保值和增值的过程就类似西西弗不断将巨石推向山顶的过程，毫无松懈的可能性，也充满了风险，但只要我们意识到，这是我们为了追求自己的幸福而要去做的事，那么不管一时的结果如何，我们都会感到幸福。况且对个人资产保值和增值的追求绝对不是“无用又无望的”。

投资自己就是一种极为重要的“主动出击”。有价值的人生不仅体现在赚了多少钱，还体现在从生活中获得了多少乐趣和幸福。比如对于那些喜欢跑马拉松的人来说，利用周末不断练习，和朋友相约跑步，不但能让自己的身体更加健康，而且能充分满足自己的兴趣爱好，能交到更多志同道合的朋友。从这个角度上讲，练习马拉松也是一种主动出击型的投资自我——刻苦训练，努力学习长跑技巧，也得花费时间和精力。

据《巴菲特传》，巴菲特在年轻时不善于演讲。为了弥补这一不足，他曾花100美元参加了戴尔·卡耐基（Dale Carnegie）的公众演讲课程。此后数十年间，巴菲特屡次将这段插曲说成改变了他人生的重要经历。

先不论这100美元如何对他展现出了无与伦比的价值。数十年来，作为全球常年排名前10的大富豪，巴菲特一向很乐于向他人传授智慧结晶，他对各类复杂投资事宜的“接地气”论述，他独特的语言表达，让每年春天在奥马哈市举行的伯克希尔·哈撒韦年度股东大会场场座无虚席。

我一直提醒自己，要把眼睛睁大，不要将投资限定在资产保值和赚钱上，要明确对自己的投资才是最关键的。阅读好的书籍和文章是人们快速提高认识，学习新知识的好途径。

一般来说，投资自己是人们能做的最好的事情。不管是为了提高自己的才能还是赚钱或者是其他什么目的，让自己充分发挥天赋，这是别人抢不走的。投资自己的另一个优势是超级保值。任何投资都可能会出现亏空，比如某个公司发行的债券可能会变得不值钱，但自己的才能、知识或者人脉资源，将是一笔不可磨灭的财富。

投资自己重在不拖延，无论自己有什么问题，只要意识到了就立刻去解决。无论想学什么，最重要的是从此刻就开始学。拖延只会让人到老了还无法实现自己的目标。投资自己不要单一。最好的投资就是投资任何能提高自己的东西，而且这种投资完全不用纳税。

不仅仅是金钱上的投资

无论投资，还是工作和事业，成功的秘诀就是必须让自己从人群中脱颖而出。要做到这一点，就必须持续提升自己，而这种提升需要毫不吝啬的投入。

例如，对于那些希望拥有头部企业高薪岗位的人，关键是要让面试官认为自己是不可或缺的人才，那就必须在自己原先的工作岗位上做到极致，竭尽所能去学习、成长并证明自己的价值。这里面就包含个人时间和精力的投入以及培训所需的金钱投资两种。

就像个人理财需要建立最基本的财务知识（正如本书尽力为各位所提供的），做任何事也都需要坚持投资自己。比如，如果一个人选择自由职业的道路，开一家网店，那么就要让所出售的商品或服务比竞争对手的更好。为此，以下几个提升自己的步骤是必不可少的：

1. 发展个人社交和商务联系网络——意味着需要花钱去应酬和社交；
2. 学习所销售产品的性能和特性——意味着需要花费精力和时间；
3. 参加同行的展会和交流会——意味着交通、住宿和参会的成本支出；
4. 提高自己的层次和能力——需要考虑培训班和业余时间网络学习的成本和耗时。

以上这些都是最基本的个人投资方式，缺少了这些就可能难以在网店经营上取得任何实质性的成绩。

其实，不管是在职场打拼还是自己创业，很多人可能会在构建个人财富管理模型的时候忽视规划好投资自己的那部分资金、时间和精力。即便有些人认同投资自己这个准则，也难免因没有做好应有的准备而事倍功半。

同样，投资自己之前也需要做好充分的准备。

第一，时时询问自己是否喜欢正在从事的工作和生活，没有兴趣就无法保证坚持。正如我写这本书，主要原因之一就是我喜欢写作，希望能通过写作和各位读者分享我的知识和观点。如果把一个工作当作自己的兴趣并全心投入，而不仅仅是为了完成任务，那么往往会更有成效。

第二，时时扪心自问是否真正了解自己的长处和短处。有时候在个人短处上的小小投资可能就会产生“四两拨千斤”的效果，取得长足进步。比如，当一个人长期从事会计工作，也有专业的背景知识，那么可能这个人只要参加一个基础的投资理财培训班就能基本掌握“价值投资”的方法，因为任何价值投资都是建立在对企业财务的基本分析上的。同时还需要避免把时间浪费在不可能有成果的追求上，而是把精力用在能够成功的重点领域。虽然知识和勤奋可以让人走得更远，但有些事情对有些人来说可能无论如何努力都做不到。

第三，需要打开思路，寻求任何能够提高自己见识的学习机会和阅读机会。有些人只希望在自己所从事的事业上提高自己，对其他信息却充耳不闻。比如，有一位年轻的保安，学历不高，每天也希望提高自己，赚更多的钱。但是，他只关注保安领域的工作信息和技能培训，却忽视了在业余时间多阅读财经类的新闻或者类似巴菲特和芒格等成功人士的论著，他可能无法理解原来可以通过自考等方法取得投资理财行业的销售岗位资格，从而有机会通过自己的努力获得更高的薪资水平。

回到本书的主线，在个人财富的保值和增值路上，读者们可以尝试的投资自己的策略可以有以下几点。

（1）在“个人财富管理模型”中合理分配好学习投资理财知识的资金，特别可以在“前袋”中规划预留好购买相关书籍、参加相关培训的资金。

（2）在配置“后袋”的前期、中期、后期，不停研究各大头部机构的公开报告和专业人士的相关书籍。比如研究本书第三章和第四章的相关内容，从中汲取个人理财的灵感和方法，形成个人的系统性理财思维，而绝不是照抄作业。

（3）量力而为。任何投资和资产配置行为都应该基于个人风险承受能力。不同的人可采取的理财方法势必是不同的。学习本书的“后袋”资产配置模型可能对有些人有用，但对另一些人来说，即便花了大量时间和金钱，也可能收效甚微，那么此时基金投资顾问或者其他金融服务产品就是另一个好的选择。时刻告诫自己：既然全世界只有少数人拥有在奥运会上赢得金牌的技能，个人资产成功的保值和增值也可能不在于个人主动的学习和操作。

正如我在撰写本书时站在巴菲特、芒格、史文森和达利欧等“巨人”的肩膀上，不管是个人理财还是规划日常开销，请读者们务必坚持阅读和学习成功者的事迹和资料，不断提升自己的内涵，不断投资自己，以西西弗那样坚忍的毅力和对荒诞命运的反抗精神去赢得自己的幸福！

最后，我还要感谢本书策划、撰写和出版过程给予我温暖和支持的所有人。特别是我的妻子，作为一个典型的理财小白，她的看法给了我很多意外的收获。

参考文献

[1] 大卫·F. 史文森 . 机构投资的创新之路 [M]. 张磊，杨巧智，梁宇峰等，译 . 北京：中国人民大学出版社，2020.

[2] 大卫·F. 史文森 . 非凡的成功：个人投资的制胜之道 [M]. 年四伍，陈彤，译 . 北京：中国人民大学出版社，2020.

[3] 瑞·达利欧 . 原则：应对变化中的世界秩序 [M]. 崔苹苹，刘波，译 . 北京：中信出版集团，2022.

[4] 中国证券投资基金业协会 . 证券投资基金 [M]. 北京：高等教育出版社，2017.

[5] 本杰明·格雷厄姆，戴维·多德 . 证券分析 [M]. 巴曙松，陈剑等，译 . 北京：中国人民大学出版社，2009.

[6] 张磊 . 价值 [M]. 杭州：浙江教育出版社，2020.

[7] 马克·泰尔 . 巴菲特与索罗斯的投资习惯 [M]. 乔江涛，译 . 北京：中信出版集团，2018.

[8] 本杰明·格雷厄姆 . 聪明的投资者 [M]. 王中华，黄一义，译 . 北京：人民邮电出版社，2016.

[9] 罗杰·洛温斯坦 . 巴菲特传 [M]. 蒋旭峰，王丽萍，译 . 北京：中信出版集团，2013.

[10] 珍妮特·洛尔 . 查理·芒格传 [M]. 邱舒然，译 . 北京：中国人民大学出版社，2009.

[11] 阿贝尔·加缪 . 西西弗神话 [M]. 沈志明，译 . 上海：上海译文出版社，2013.

[12] Bill Gates. What I learned from Warren Buffet. Boston:Harvard Business Review, 1996.